养殖户饲料配制技术丛书

怎样自配鸭饲料

李绶章　谢友慧　编著

金盾出版社

本书由重庆市畜牧科学院李绶章研究员编著。内容包括:鸭的常用饲料原料及营养特性,鸭的营养需要,配合饲料生产技术,饲料添加剂使用技术,自配饲料效果评价方法,鸭的饲料卫生安全及防范等6部分。本书理论结合生产实际,指导养鸭场(户)进行自配饲料和选择饲料,从而降低饲料成本,增加效益。

图书在版编目(CIP)数据

怎样自配鸭饲料/李绶章,谢友慧编著. -- 北京 : 金盾出版社,2011.4

(养殖户饲料配制技术丛书)

ISBN 978-7-5082-6821-7

Ⅰ.①怎…　Ⅱ.①李…②谢…　Ⅲ.①鸭—饲料—配制　Ⅳ.①S834.5

中国版本图书馆 CIP 数据核字(2011)第 019594 号

金盾出版社出版、总发行

北京太平路5号(地铁万寿路站往南)

邮政编码:100036　电话:68214039　83219215

传真:68276683　网址:www.jdcbs.cn

封面印刷:北京金盾印刷厂

正文印刷:北京万博诚印刷有限公司

装订:北京万博诚印刷有限公司

各地新华书店经销

开本:850×1168 1/32　印张:6.75　字数:161千字

2013年7月第1版第2次印刷

印数:8 001～12 000册　定价:12.00元

前　言

我国集约化养鸭已有 20 多年时间，并具相当规模，中小规模的养鸭场更是遍布全国。养鸭业的利润已成为业者关心的焦点。为了降低成本，自配饲料已众望所归，其优点不仅在于降低饲料费用，更重要的是自配饲料针对性更强，能充分发掘生产潜力。自配饲料存在两大缺点，即专业知识欠缺和零星购进原料价格高。这就要求自配饲料者尽量做到“扬长避短”，加强学习，认真掌握各种营养物质对鸭的生理作用，鸭对各种营养物质的需要，饲料是怎样分类的，弄清楚各种营养物质之间的协同或拮抗作用，熟悉拟定配合饲料配方的方法与技巧，学会选用适宜的饲养标准。有鉴于此，本书以问答的形式，通俗地阐述了这些基础知识，并要求巧妙运用各种营养物质间的拮抗与协同关系，以求最大限度地发挥各种营养物质的效应。为了深刻理解鸭的营养功能，书中介绍了鸭的消化功能特点，鸭的营养需要，对饲料的特殊要求。设计饲料配方采用简繁兼顾的原则，既介绍简单易学的试差法，也顾及了具备电脑者的计算机配方设计方法。为了提高自配饲料的饲喂效果，还扼要介绍了饲养管理方面的一些关键技术。随着人们对食品安全日趋重视，本书从食品链的源头讲起，详尽介绍了饲料卫生的有关知识，告知预防饲料原料及加工对畜产品污染的方法。书中还介绍了饲料原料和产品贮存、正确判断自配饲料品质优劣的多种方法。在本书编写过程中，引用了许多作者的大量研究资料，在此谨表谢意。本书可供养鸭业者及基层畜牧科技工作者参考。由于笔者学识有限，错误难免，恳请读者与同行不吝指教。

李绶章

目　录

一、鸭的常用饲料原料及营养特性 …………………… (1)

1. 什么是饲料和饲料原料？如何分类？ …………………… (1)
2. 饲料“国际分类法”怎么分类？ …………………… (2)
3. 中国现行饲料分类法是怎样的？ …………………… (3)
4. 饲料营养物质有哪些？ …………………… (4)
5. 如何进行饲料营养价值评价？ …………………… (5)
6. 怎样进行饲料质量评价及评价指标？ …………………… (6)
7. 怎样采集评定用饲料样品？ …………………… (7)
8. 怎样制备评定用饲料样品？ …………………… (8)
9. 玉米的营养特性是什么？ …………………… (9)
10. 稻谷与碎米的营养特性有哪些？ …………………… (10)
11. 饲用小麦的营养特性有哪些？ …………………… (10)
12. 饲用大麦的营养特性有哪些？ …………………… (11)
13. 小麦麸的营养特性有哪些？ …………………… (11)
14. 饲用次粉营养特性有哪些？ …………………… (12)
15. 饲用米糠和米糠饼(粕)的营养特性有哪些？ ……… (13)
16. 大豆的营养特性有哪些？ …………………… (13)
17. 大豆饼(粕)的营养特性有哪些？ …………………… (14)
18. 花生仁饼的营养特性有哪些？ …………………… (14)
19. 菜籽饼(粕)的营养特性有哪些？ …………………… (15)
20. 芝麻饼(粕)的营养特性有哪些？ …………………… (15)
21. 棉籽饼(粕)的营养特性有哪些？ …………………… (16)
22. 玉米蛋白粉的营养特性有哪些？ …………………… (16)

23. 鱼粉的营养特性有哪些？如何进行鱼粉质量鉴定？
…………………………………………………………… (17)
24. 桑蚕蛹的营养特性有哪些？ ………………………… (18)
25. 饲料用肉骨粉和肉粉的营养特性有哪些？ ………… (18)
26. 石粉和碳酸钙的营养特性有哪些？ ………………… (19)
27. 骨粉的营养特性有哪些？ …………………………… (19)
28. 磷酸氢钙与脱氟磷酸钙的营养特性有哪些？ ……… (20)
29. 食盐的营养特性有哪些？ …………………………… (20)
30. 贝壳粉、蛋壳粉与碳酸氢钠的营养特性有哪些？ …… (21)
二、鸭的营养需要………………………………………… (22)
1. 鸭消化系统各部位的生理功能是什么？ …………… (22)
2. 各种营养物质在鸭体内怎样消化吸收？ …………… (23)
3. 影响饲料营养物质利用的因素有哪些？ …………… (24)
4. 鸭对能量需要的特点是什么？ ……………………… (26)
5. 饲粮能量对采食量有什么影响？ …………………… (27)
6. 碳水化合物对鸭的主要生理功能是什么？ ………… (28)
7. 脂肪对鸭的主要生理功能是什么？ ………………… (29)
8. 鸭饲粮中必需脂肪酸有哪些生理功能？ …………… (30)
9. 鸭饲粮中添加油脂有什么作用？ …………………… (31)
10. 蛋白质对鸭的主要生理功能是什么？ ……………… (31)
11. 蛋白质缺乏与过量有哪些危害？ …………………… (32)
12. 什么是必需氨基酸？ ……………………………… (33)
13. 什么是非必需氨基酸？ …………………………… (35)
14. 什么是限制性氨基酸？ …………………………… (36)
15. 什么是氨基酸平衡？ ……………………………… (37)
16. 提高鸭蛋白质利用率应采取哪些措施？ …………… (38)
17. 什么是维生素？怎样分类？ ……………………… (39)
18. 脂溶性维生素有哪些生理功能及缺乏症？ ………… (40)

19. 水溶性维生素有哪些生理功能及缺乏症？ ……… (42)
20. 水溶性维生素C有哪些生理功能及缺乏症？ ……… (46)
21. 什么是矿物质？ ……… (47)
22. 常量元素有哪些生理功能及缺乏症？ ……… (48)
23. 微量元素有哪些生理功能及缺乏症？ ……… (51)
24. 水是营养物质吗？主要营养功能是什么？ ……… (53)
25. 主要营养素在鸭营养中存在哪些相互关系？ ……… (55)
26. 主要有机营养素与矿物质间有何相互关系？ ……… (57)
27. 主要有机营养素与维生素间有何相互关系？ ……… (58)
28. 各种矿物质之间有何相互关系？ ……… (59)
29. 各种维生素之间有何相互关系？ ……… (60)
30. 维生素与矿物质之间有何相互关系？ ……… (61)

三、配合饲料生产技术 ……… (62)

1. 饲粮和日粮有什么区别？ ……… (62)
2. 什么是配合饲料？ ……… (62)
3. 鸭配合饲料怎么分类？ ……… (63)
4. 预混料如何按组成分类？ ……… (64)
5. 配合饲料如何按物理形态分类？ ……… (65)
6. 配合饲料如何按用途分类？ ……… (66)
7. 农户自配鸭饲料的目的和意义何在？ ……… (67)
8. 自配鸭饲粮需要哪些知识和资料？ ……… (68)
9. 怎样认识饲料营养成分表？ ……… (68)
10. 怎样体现鸭饲粮配制的科学性？ ……… (69)
11. 拟定鸭饲粮配方时应注意哪些原则？ ……… (70)
12. 什么是饲养标准？ ……… (71)
13. 鸭的饲养标准主要包括哪些内容？ ……… (71)
14. 常用的鸭饲养标准有哪些？ ……… (72)
15. 怎样获得质优价廉的配合饲料？ ……… (83)

16. 自配饲料加工时应注意哪些事情？ …………………… (84)
17. 怎样用试差法配制鸭的饲粮？ ………………………… (85)
18. 怎样用四方形法配制鸭饲粮？ ………………………… (87)
19. 怎样用计算机配方设计法配制鸭的饲粮？ ………… (90)
20. 肉鸭、蛋鸭饲粮的推荐配方有哪些？ ……………… (92)
21. 什么是载体、稀释剂和吸附剂？ ……………………… (97)
22. 怎样配制添加剂预混合饲料？ ………………………… (99)
23. 怎样用计算机配方设计鸭添加剂预混料配方？ …… (101)
24. 饲料加工需要哪些机械设备？如何配置？ ………… (103)
25. 自配饲料的基本生产工艺流程是什么？ …………… (104)
26. 饲料原料贮存需要哪些设备？ ……………………… (106)
27. 自配饲料的主要加工方式是什么？ ………………… (107)
28. 饲料原料怎样接收和处理？ ………………………… (107)
29. 不同的粉碎、配料顺序各有何特点？ ……………… (108)
30. 怎样检测自配饲料的质量？ ………………………… (110)
四、饲料添加剂使用技术 ………………………………… (112)
1. 我国常用饲料添加剂有哪些？ ……………………… (112)
2. 饲料添加剂应具备哪些基本条件？ ………………… (114)
3. 赖氨酸的理化特性及质量标准是什么？ …………… (115)
4. 蛋氨酸的理化特性及质量标准是什么？ …………… (116)
5. 色氨酸的理化特性及质量标准是什么？ …………… (117)
6. 使用氨基酸添加剂时应注意哪些事项？ …………… (118)
7. 常用的微量元素添加剂有哪些种类？ ……………… (119)
8. 铁(Fe)的理化特性及质量标准是什么？ …………… (121)
9. 铜(Cu)的理化特性及质量标准是什么？ …………… (122)
10. 钴(Co)的理化特性及质量标准是什么？ ………… (123)
11. 锌(Zn)的理化特性及质量标准是什么？ ………… (124)
12. 锰(Mn)的理化特性及质量标准是什么？ ………… (125)

13. 碘(Ⅰ)的理化特性及质量标准是什么？ ………………（126）
14. 硒(Se)的理化特性及质量标准是什么？ ………………（127）
15. 如何正确使用脂溶性维生素？ …………………………（128）
16. 如何正确使用水溶性维生素？ …………………………（129）
17. 影响维生素需要量的不利因素有哪些？ ………………（132）
18. 影响维生素预混剂在全价配合饲料中的稳定性有哪些因素？ ……………………………………（133）
19. 什么是酶制剂？有哪些生物学功效？ …………………（134）
20. 什么是活菌制剂？有哪些生物学功效？ ………………（136）
21. 什么是抑菌促生长剂？有哪些生物学功效？ …………（137）
22. 什么是驱虫保健剂？有哪些生物学功效？ ……………（138）
23. 什么是饲料保存剂？有哪些生物学功效？ ……………（139）
24. 饲料原料中有哪些抗营养因子和难以消化的成分？ ……………………………………………………（140）
25. 怎样正确使用非营养性添加剂？ ………………………（141）
五、自配饲料效果评价方法 ……………………………………（144）
1. 怎样通过感观来判断饲料的利用效果？ ………………（144）
2. 怎样通过简单的饲养试验来判断饲料品质？ …………（145）
3. 怎样进行试验分期？ ……………………………………（148）
4. 怎样通过改进饲养技术提高饲喂效果？ ………………（149）
5. 怎样通过改进管理技术提高饲喂效果？ ………………（152）
6. 怎样进行人工强制换羽提高饲喂效果？ ………………（153）
六、鸭的饲料卫生安全及防范措施 ……………………………（155）
1. 为什么要强调饲料的卫生原则？ ………………………（155）
2. 影响饲料卫生的常见因素有哪些？ ……………………（156）
3. 饲料中常见的有毒元素有哪些危害？ …………………（158）
4. 饲料中常见的天然有毒有害物质有哪些危害？ ………（160）
5. 饲料被微生物污染后有哪些危害？ ……………………（161）

6. 饲料被农药污染后有哪些危害？ ……………… (162)
7. 饲料添加剂和药物使用不当有什么危害？ ………… (164)
8. 提高饲料卫生安全性应采取哪些组织措施？ ……… (165)
9. 怎样控制饲料中的有毒物质？ ………………… (166)
10. 怎样控制饲料中的有害细菌和霉菌？ ………… (167)
11. 怎样控制饲料中的有毒有害元素？ …………… (168)
12. 影响饲料贮藏品质的因素有哪些？ …………… (169)
13. 饲料贮藏应采取哪些主要措施？ ……………… (171)
14. 怎样贮藏大宗饲料原料？ ……………………… (172)
15. 怎样贮藏添加剂原料？ ………………………… (173)
16. 怎样贮藏自配配合饲料？ ……………………… (175)
附录……………………………………………………… (176)
附表 1 我国饲料、饲料添加剂卫生标准 ……………… (176)
附表 2 饲料营养成分表 ……………………………… (182)
附表 3 饲料氨基酸含量 ……………………………… (189)
附表 4 饲料维生素含量 ……………………………… (194)
附表 5 饲料有效能及矿物质含量 …………………… (199)

一、鸭的常用饲料原料及营养特性

1. 什么是饲料和饲料原料？如何分类？

饲料是指在合理饲喂条件下，被鸭采食、消化、利用，能供给鸭某种或多种营养物质以维持生命和生产需要、调控生理机制、改善鸭产品品质，且对鸭健康无毒害的物质。也包括一些本身不含有营养物质，但却有促使营养物质被利用的物质。用于生产配合饲料的原料称为饲料原料。

饲料种类繁多，特性各异，对饲料进行适当的科学分类，有助于掌握各种饲料的特点，在配制饲粮时更易于搜索，合理而经济地利用饲料。

根据饲料的物质特性可以粗略的将其分为四类。

植物性饲料，如玉米、碎米、小麦麸、豆粕、松针粉等。

动物性饲料，如蚕蛹、鱼粉、肉骨粉、血粉等。

矿物性饲料，如石粉、磷酸氢钙、食盐、骨粉、硫酸亚铁等。

人工合成饲料，如维生素、氨基酸、酶制剂、酸化剂、饲料酵母等。

当前饲料分类方法很多，一般按饲料的来源或饲料的营养组成特性或饲料的生物学特性进行分类，常用的分类方法有“国际分类法”和“中国现行饲料分类法”两种。

2. 饲料"国际分类法"怎么分类？

以饲料干物质中的化学组成和营养特性为基础，将饲料分为 8 大类，每一类的饲料特性、营养成分、营养价值比较相近（表 1-1）。

表 1-1 国际饲料分类依据

饲料类别	饲料名称	自然含水量	划分饲料类别的分类依据	
			干物质中粗纤维含量	干物质中粗蛋白质含量
1	粗饲料	<45.0	≥18.0	
2	青绿饲料	≥45.0		
3	青贮饲料	≥45.0		
4	能量饲料	<45.0	<18.0	≤20.0
5	蛋白质饲料	<45.0	<18.0	≥20.0
6	矿物质饲料			
7	维生素饲料			
8	饲料添加剂			

(1)粗饲料 这类饲料干物质中粗纤维含量在 18%以上，体积大，不易消化，可利用的营养物质较少。如干草、农作物秸秆、秕壳饲料等。

(2)青饲料 青绿、鲜嫩、柔软、自然水分含量在 45%以上（包括 45%）的青饲作物、青牧草、青饲叶菜、水生饲料等均属青饲料。如红薯藤、甜菜叶、黑麦草、紫花苜蓿、三叶草等。

(3)青贮饲料 是指以青绿饲料为原料在厌氧条件下贮存制

作的一类饲料，饲料中的碳水化合物经乳酸菌发酵，产生大量的乳酸，在酸性、厌氧环境下酪酸菌等有害微生物受到抑制，从而使青绿饲料得以较好保存。如玉米青贮饲料和禾本科青贮料。

(4)能量饲料　指饲料干物质中粗纤维含量小于18%，粗蛋白质含量小于20%的饲料。如谷实类的玉米、小麦、高粱，糠麸、块茎、块根、糖蜜、油脂等。

(5)蛋白质饲料　指饲料干物质中粗纤维含量小于18%，粗蛋白质含量大于20%的饲料。如豆类子实、榨油饼粕、鱼粉、血粉、玉米蛋白粉、菌体蛋白等。

(6)矿物质饲料　指可供饲用的天然矿物及工业合成的无机盐类。如石粉、磷酸氢钙、蛋壳粉、食盐等。

(7)维生素饲料　指人工合成的维生素，包括单体维生素和复合维生素两大类。如维生素A、维生素AD_3粉、维生素K、复合维生素B族、维生素C等。

(8)添加剂饲料　是指在配合饲料或混合饲料中添加的微量物质。如氨基酸、维生素、微量元素、防霉剂、抗生素、抗氧化剂等。

3. 中国现行饲料分类法是怎样的？

按照国际分类法的原则将其分为8大类，再根据我国传统的饲料分类方法分为16亚类(表1-2)。对每类饲料冠以中国饲料编码，共7位数，首位数为分类号，第二、第三位数为亚类号，后四位数为饲料编号。饲料编码的排列顺序，依次为分类号、亚类号和饲料编号。例如，大豆粕属蛋白质饲料，首位数应为5，亚类属饼粕类，亚类号应为10，然后是饲料编号，即5-10-0102。

表 1-2 中国现行饲料分类及第二、第三位编码

第二、第三位编码	饲料分类	第三位分类码的可能性	分类依据条件
01	青绿饲料	2-01	自然含水
02	树叶类	1-02 2-02(5-02 4-02)	水、粗纤维、粗蛋白质
03	青贮饲料类	3-03	水、加工方法
04	根茎瓜果类	2-04 4-04	水、粗纤维、粗蛋白质
05	干草类	1-05(5-05 4-05)	水、粗纤维、粗蛋白质
06	稿秕农副产品类	1-06(4-06 5-06)	水、粗纤维
07	谷实类	4-07	水、粗纤维、粗蛋白质
08	糠麸类	4-08 1-08	水、粗纤维、粗蛋白质
09	豆　类	5-09 4-09	水、粗纤维、粗蛋白质
10	饼粕类	5-10 4-10(1-10)	水、粗纤维、粗蛋白质
11	糟渣类	1-11 4-11 5-11	粗纤维、粗蛋白质
12	草籽树实类	1-12 4-12 5-12	水、粗纤维、粗蛋白质
13	动物性饲料类	4-13 5-13 6-13	来　源
14	矿物性饲料类	6—14	来源、性质
15	维生素饲料类	7—15	来源、性质
16	添加剂及其他	8—16	性　质

注：(　)内编码者少见。　　　引自韩友文主编《饲料与营养学》，1997

4. 饲料营养物质有哪些？

见图 1-1。

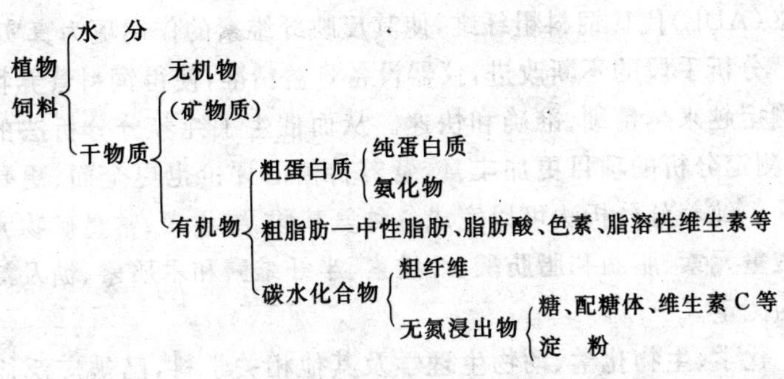

图 1-1 饲料的营养物质组成

5. 如何进行饲料营养价值评价？

饲料营养价值通常采用营养成分检测、能量测定和生产效能评定等进行综合评价。

在营养成分测定中通常采用概略养分测定法，测定项目包括：水分（或干物质）、粗蛋白质、粗脂肪、粗纤维、粗灰分和无氮浸出物6大部分（图 1-2）。测得物质都不是纯化合物，包含有其他一些成分。

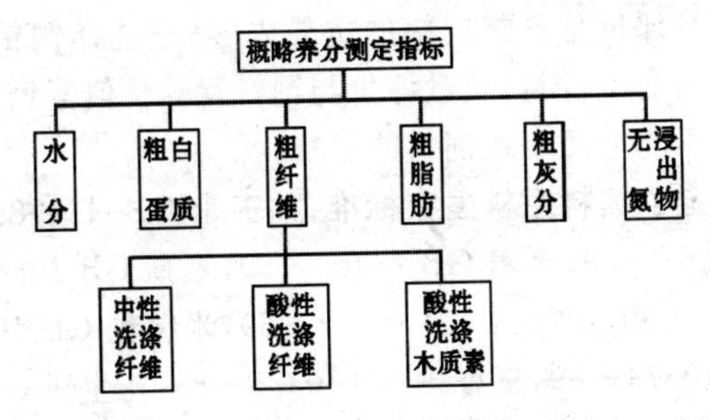

图 1-2 概略养分组成示意

用中性洗涤纤维（NDF）、酸性洗涤纤维（ADF）和酸性洗涤木质素(ADL)代替饲料粗纤维，使其反映纤维素的作用更为真实。

分析手段的不断改进，仪器设备日益精准，使得饲料营养物质的测定越来越精细、准确和快速。从而催生了纯养分分析法的问世，测定分析的项目更加丰富，营养价值的评价也更全面、更具针对性。纯养分分析法可以完成各种氨基酸、维生素、常量矿物元素与微量元素、脂肪和脂肪酸、纤维素、半纤维素和木质素、糖及淀粉等的测定。

化学、生物化学、动物生理学及其他相关学科，已被广泛应用于饲料营养价值的评定，从而更准确地反映了饲料的生物学价值。如“有效养分”或称“可利用养分”是指饲料中能被鸭吸收、利用的养分。在平衡鸭饲粮时，更能充分满足鸭对各种营养物质的实际需要，有利于提高鸭的生产力和对饲料的利用效率。

此外，还可通过饲养试验、消化试验、代谢试验、平衡试验和比较屠宰试验等生物试验法，测量饲料生物学效能，以评定饲料营养价值。

6. 怎样进行饲料质量评价及评价指标？

饲料质量评价是自配饲粮的重要内容，是选择饲粮及饲料原料的主要依据之一，饲料质量评价与饲料营养价值紧密相关，但饲料营养价值不能全面反映饲料的质量。

我国制定了饲料原料国家标准，如玉米 GB/T 17890—1999，大麦 GB 10367—89，小麦 GB 10366—89，麦麸 GB 10368—90，米糠 GB 10371—89，米糠饼 GB 10372—89，米糠粕 GB 10373—89，菜籽饼 GB 10374—89，菜籽粕 GB 10375—89，花生饼 GB 10381—89，花生粕 GB 10382—89，向日葵仁饼 GB 10377—89，向日葵仁粕 GB 10376—89，苜蓿草粉 GB 10389—89 等。

7. 怎样采集评定用饲料样品?

样本的采集(采样),是指从大宗饲料中用取样器抽取具有代表性的部分样本供评定用。样本的采集是评定饲料的第一步。由于样本具有代表性,采样方法正确与否将直接影响评定结果的可靠性,从这个意义上说,采样比观察和分析更重要,否则,无论仪器多么精密,其结果的可靠性都将大打折扣。

原始样本的采集一定要遵循随机性的原则,不可主观选择样本,所采样本应有足够的代表性,即尽量从大批(或大数量)饲料中,按照不同的部位从不同的深度和幅度来采集。

对固体、风干、均质饲料应采用对角取样,即先从大量饲料中分层,在同一层面又分成 5~9 个点,采得同等数量的样本,此样本充分混匀后,按四分法对角取样,重复操作几次,逐步缩减至 1 千克左右,在实验室再按同法缩减至 200 克左右供品质评定用,其余留存备复查(图 1-3)。

对于酒糟、醋糟、粉渣等饲料,在不引起汁液损失的情况下,分层取样,每层抽取 5~9 个点,放入瓷桶内充分混匀,然后取分析样本 200~500 克测定初水分。

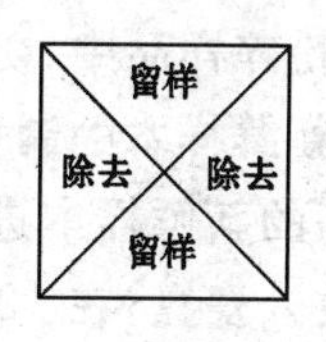

图 1-3 对角取样法

液体样本视容器大小和深度分 2~5 层,每层设 5~9 个采样点,用专用液体采样器采样,采得的样本不少于 1 升,盛于集样瓶中,携回实验室充分混匀后,按 1/2 的比例,逐步留存至 200 毫升,供品质评定用。

田间样本的采集,应使各采样点在地块中分布合理,田间采样还应考虑人为耕作、施肥等管理因素对植物生长的影响,一般采用蛇形(或齿形)设点采样,于地块两边等距离选采样点。

新鲜饲料采集后，应去除不可食部分，晾干露水后，立即切碎、混匀，用四分法取样，若不能就地取样，应将采集的原始样本用塑料布包好，避免水分等养分的损失，带回实验室进行处理和取样。

在采样时应尽量避免样本遭受污染和损失，以确保样本的代表性。如用作分析的微量元素的样本，应避免金属污染，在采收、剪碎、分样等过程中，应采用不锈钢或塑料器具，而用于维生素分析的样本，则应注意避免氧化、温度及饲料酶等因素的影响，采样后应及时处理并冷藏。

8. 怎样制备评定用饲料样品？

饲料样本的制备(制样)是指对经前处理后的样本进行粉碎和风干处理，以便保存、观察和分析。

(1)风干样本的制备　作分析化验用，需全部通过 0.42 毫米(40 目)标准分析筛，用于微量元素、氨基酸分析则通过 0.149～0.25 毫米(60～100 目)分析筛，少量不能过筛的样品应用臼研磨后，混入粉碎样品中，切不可丢弃。

(2)新鲜样本的制备　为了便于样本分析化验和保存，需要将含水率高的新鲜样本进行风干。将从田间采集的新鲜样本称重、剪碎后放入瓷盘，在 120℃干燥箱中杀酶 10～15 分钟，随即转至 60℃～70℃烘箱中烘 8～12 小时，取出，置于室内大气中冷却回潮 24 小时，使样本中水分与室内湿度平衡。重复将瓷盘放入 60℃～70℃烘箱中烘 2 小时，按上述方法回潮、称重，直至恒重(即 2 次称重之差不超过 0.5 克为止)。同时测定该新鲜样品的初水分，这是分析测定结果换算成原样中含量的重要依据。

$$\text{初水分含量}=\frac{\text{鲜饲料重(克)}-\text{风干饲料重(克)}}{\text{鲜饲料重(克)}}\times 100\%$$

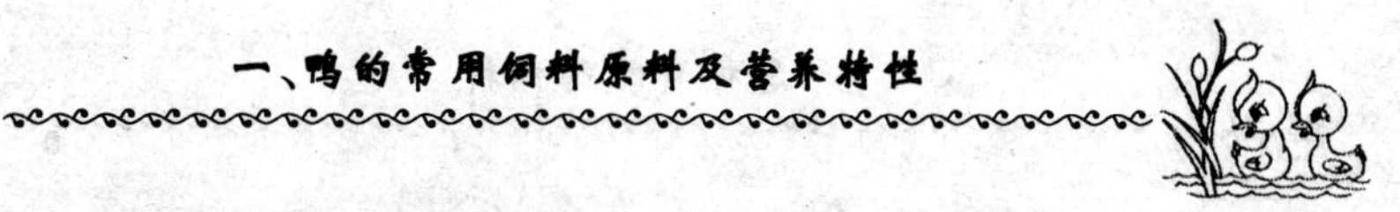

新鲜样本如青饲料、青贮料、多汁饲料，可将其匀质化，用匀浆机或超声波破碎仪破碎、混匀，然后测定其中水分和各种养分含量。如果不能及时测定，则应装入塑料袋或瓶内密封冷藏。

制备好的样本装入清洁干燥的广口瓶中密封，贴上标签，注明样本名称、编号、制样人及制样时间。

9. 玉米的营养特性是什么?

玉米是鸭配合饲料中用量最大的能量饲料，玉米有黄玉米和白玉米两大类。我国玉米主产区分布在黑龙江、吉林、山东、河北、河南、新疆、四川等地。

玉米的鸡代谢能含量高达 13.39～13.57 兆焦/千克，粗脂肪含量 3%～3.5%。必需脂肪酸含量也较高，主要是亚油酸等不饱和脂肪酸，当鸭饲粮中玉米的用量超过 50%，即可满足鸭对亚油酸的需要。

玉米中粗蛋白质仅 7%～9%，赖氨酸和色氨酸等必需氨基酸含量普遍偏低，氨基酸比例不符合鸭的需要，故蛋白质品质较差。

玉米含有较丰富的无氮浸出物，以淀粉为主，达 70%以上，其他糖类含量都不高，粗纤维含量较低。

维生素 E 在玉米中含量高，主要分布在胚芽中，维生素 B_1 也较丰富，几乎不含维生素 D 和维生素 K。维生素 B_2 和烟酸含量也较少。

矿物质含量一般较低，特别是钙的含量，磷在胚芽中的含量虽较高，但以植酸磷形式存在，不被鸭利用。

玉米贮藏时，必须严格控制水分，不能超过 14%，以防霉变。特别是我国东北地区，含水量一般都偏高，在潮湿温暖的南方使用时应特别注意防霉。

在配合饲料中玉米应搭配优质蛋白质饲料，并添加烟酸和维

生素 B_2。发霉玉米产生黄曲霉毒素，它不仅严重影响鸭的健康，还会残留在产品中，危及人类安全。玉米中不饱和脂肪酸含量高，过量饲喂玉米可降低肉鸭的胴体品质。玉米粉碎后易被氧化酸败，不宜久贮，应尽快用。

10. 稻谷与碎米的营养特性有哪些？

稻谷是加工大米的原料，可整粒单独喂鸭，也可粉碎后作为鸭配合饲料的原料。稻谷在加工过程中可产生一些碎米，是鸭饲料的优质原料。

碎米的代谢能和粗蛋白质含量均略高于玉米，赖氨酸、蛋氨酸、色氨酸等必需氨基酸含量偏低，比例不理想，故粗蛋白质的品质较差。

稻谷粗纤维含量较高，特别是木质素和硅酸盐，代谢能和粗蛋白质含量均比玉米低，故其营养价值只有玉米或碎米的 80%，鸭配合饲料中不宜过多使用，否则降低配合饲料的消化率和饲喂效果。

碎米中矿物质含量较低，且磷以植酸磷的形式存在，使用时应补充有效磷。

鸭使用碎米，其增重和产蛋效果均接近玉米。

11. 饲用小麦的营养特性有哪些？

小麦是加工面粉的原料，一般不作为鸭的饲料，只有在缺乏玉米或当地小麦价格大大低于玉米时，才用小麦代替部分玉米。

小麦的粗蛋白质含量较玉米高，一般为 13%～14%，赖氨酸、蛋氨酸、胱氨酸均略高于玉米。小麦的粗脂肪含量只有 1.7%左右，其中亚油酸仅为 0.8%，小麦的有效能也略低于玉米，鸡代谢

能约 12.7 兆焦/千克。矿物质中钙少磷多，磷多以植酸磷形式存在，利用率低。

饲用小麦的适口性好、易消化，饲喂鸭可获得较好的饲喂效果。由于小麦中含有阿拉伯木聚糖、β-葡聚糖和磷酸盐等抗营养因子，饲喂时若能添加酶制剂，如木聚糖酶、β-葡聚糖酶、植酸酶等，有可能提高小麦的利用率。小麦具有黏糊性，当粉碎过细时会引起糊喙，降低适口性，但制粒后无影响。在颗粒饲料中适量添加粉碎的小麦可增加颗粒饲料的牢固度和成粒性。配合饲料中可用小麦替代 30%～50%的玉米。

小麦不同品种间粗蛋白质含量差别较大，使用时应注意区分。

12. 饲用大麦的营养特性有哪些？

大麦蛋白质和赖氨酸含量均高于玉米，钙、磷含量也比玉米高。大麦有一层坚硬的外壳，粗纤维含量较高，约为玉米和小麦的 2 倍，淀粉及糖类比玉米少，故能量含量低，代谢能约 11.3 兆焦/千克。含有丰富的 B 族维生素，脂溶性维生素 A、维生素 D、维生素 K 含量低，胚芽中含有少量维生素 E。含磷量高于玉米，植酸磷约占总磷的 63%，其利用率优于玉米中磷。

大麦的饲养效果明显低于玉米，且含有较多的单宁类物质，带涩味，适口性差，且可降低鸭对蛋白质的消化率，不宜大量使用。

鸭对粗纤维的消化率较强，故大麦可直接饲喂鸭，粉碎后少量加入配合饲料中，制成颗粒饲料，效果更佳。

13. 小麦麸的营养特性有哪些？

小麦麸又叫麸皮，是小麦磨粉后的副产品，小麦麸包括种皮、糊粉层、少量胚芽和胚乳等部分。小麦麸的品质与小麦品种、加工

工艺和出粉率密切相关。

硬质冬小麦较软质春小麦所产麦麸粗蛋白质含量高;红皮小麦麸粗蛋白质含量高于白皮小麦麸;小麦麸粗蛋白质比小麦子实高。粗蛋白质含量为12%~18%,赖氨酸及其他氨基酸含量高于小麦子实,蛋氨酸含量低于小麦子实。

小麦麸与其子实比较,无氮浸出物含量较低,粗纤维含量高,故其有效能值较低。小麦麸富含维生素E、维生素B_1、烟酸和胆碱,缺乏维生素A和维生素D。

矿物质中磷多钙少,非植酸磷占总磷的26%左右,磷的利用率低,铁、锌、锰等微量元素含量较高。

麸皮具有轻泻性,可促进鸭胃肠蠕动,保持消化道通畅,但饲喂过多可引起腹泻。另外,小麦麸质地蓬松、容积大、适口性好、吸水性强,在饲粮配合中,是调节营养浓度与体积比例的适宜原料。

14. 饲用次粉营养特性有哪些?

次粉是小麦细磨阶段的副产品,其营养价值介于小麦和小麦麸之间,成分包括糊粉层、胚乳及少量细麸。次粉的营养价值差别较大,质量不稳定,其品质受麸皮比例的影响较大。次粉中粗蛋白质含量为13.6%~15.4%,粗纤维1.4%~2.8%,有效能值与粗纤维含量有关,其代谢能约为12.7兆焦/千克。次粉的颜色变化较大,由灰白色到浅褐色不等。

次粉作能量饲料时用量不宜过多,且应选择粗纤维低,品质好的,一般占配合饲料的5%~15%,用量太多会引起糊喙。生产颗粒配合饲料时添加5%~10%的次粉,可增强颗粒的牢固度。

15. 饲用米糠和米糠饼(粕)的营养特性有哪些?

米糠是糙米精加工成精米的副产品,米糠饼(粕)是米糠经提取油脂后的副产品。

米糠中的粗蛋白质高于碎米和玉米,米糠饼(粕)的粗蛋白质高于米糠。米糠的必需氨基酸普遍高于碎米和玉米,米糠饼(粕)高于米糠。米糠和米糠饼(粕)的有效能值都低于碎米和玉米,米糠的有效能值高于米糠饼(粕)。米糠和米糠饼(粕)的粗纤维含量均比碎米和玉米高,约为5.7%。富含B族维生素和维生素E。矿物质含量与其他禾本科子实饲料相似,钙少磷多,非植酸磷含量高于小麦麸,微量元素铁、锌、锰含量丰富。

新鲜的米糠适口性好,但因其粗脂肪含量很高,极易氧化、酸败,不耐贮存,鸭饲粮中应添加新鲜的米糠。米糠饼(粕)因已脱脂,出现氧化、酸败的机会较少。米糠及其饼(粕)的添加量一般不宜过大,以不高于10%为宜。

16. 大豆的营养特性有哪些?

大豆主要供人类食用或榨油,一般不直接用作鸭饲料,为了提高日粮的能量浓度可适当添加少量熟化的大豆。

大豆含有多种抗营养因子。如抗胰蛋白酶因子、脲酶、皂角苷、胀气因子、白细胞凝集素等,除皂苷和胀气因子外,其他抗营养因子都可采取加热的方法予以破坏。但若加热不充分,抗胰蛋白酶因子未遭破坏,则蛋白质的消化率将降低。

大豆中粗蛋白质含量较高,必需氨基酸中除蛋氨酸较低外,其余氨基酸的含量均较高,特别是赖氨酸。

大豆富含油脂,含有大量的必需脂肪酸,尤其是亚油酸的含量

更高，因此大豆的有效能值较高。含有较多的维生素 E 和 B 族维生素，叶酸、胆碱和生物素尤为丰富。常量元素中钾、磷、钠较多，钙较少。微量元素中铁含量较高。

经加热熟化的大豆，特别是膨化大豆，有效能和蛋白质含量高，适口性好，消化率高，是优质的高能高蛋白饲料。

大豆饲喂鸭能改善产品品质，但价格较高。

17. 大豆饼(粕)的营养特性有哪些？

大豆饼(粕)是大豆榨油后的副产品，是配合饲料中使用最多的植物性蛋白质饲料。

粗蛋白质含量高达 40%～46%，且品质好，赖氨酸含量高，蛋氨酸相对不足。无氮浸出物、淀粉和粗纤维含量均较低。钙少磷多，比例约为 1∶2，不符合鸭的钙、磷需要。B 族维生素较多，其他维生素较少。

大豆饼(粕)适口性好，消化率高，各类鸭在各阶段均可使用，且无用量限制。但应注意，不可饲喂生的大豆饼(粕)，以免造成不良后果。

18. 花生仁饼的营养特性有哪些？

花生去外壳后的花生果，经榨油后的副产品，其饲用价值仅次于大豆饼(粕)。

粗蛋白质含量比大豆饼(粕)高 3～5 个百分点，但赖氨酸和蛋氨酸均低于大豆饼(粕)，加之赖氨酸与精氨酸的比例不当，使赖氨酸利用率下降。花生仁饼(粕)的代谢能比大豆饼(粕)高 1 兆焦/千克左右。矿物质中，钙少磷多，非植酸磷占总磷的 60%左右。

花生仁饼(粕)含有较高的代谢能和粗蛋白质，可部分代替大

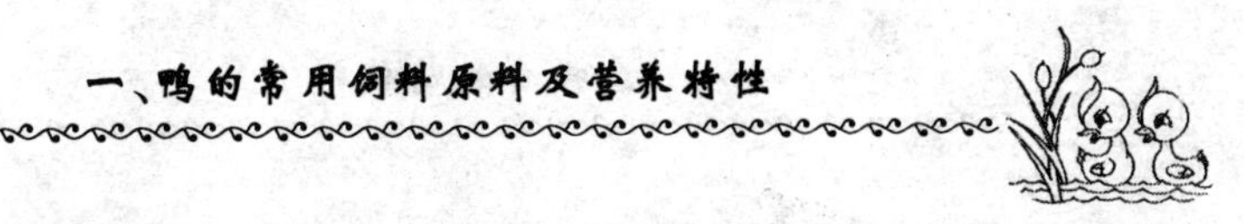

豆饼(粕)。但花生仁饼(粕)中精氨酸含量很高,利用时应注意搭配精氨酸含量低的棉籽饼等饲料。

花生仁饼(粕)贮存不当,高温、高湿季节易发生霉变,孳生黄曲霉菌,产生黄曲霉毒素,导致鸭中毒。

19. 菜籽饼(粕)的营养特性有哪些?

油菜籽榨油后的副产品,也是应用比较多的一种蛋白质饲料。粗蛋白质含量较高,为35%~38%,品质相对较好,蛋氨酸的含量与大豆饼(粕)相近,但赖氨酸较少,且精氨酸含量也低,可与含精氨酸高的棉籽饼(粕)或花生仁饼(粕)搭配使用。粗纤维含量为11%~12%。矿物质中,钙、磷含量较其他饼(粕)类饲料高,植酸磷占总磷的比例约为66%。B族维生素较丰富。

菜籽饼(粕)含有噁唑烷硫酮、硫氰酸盐、异硫氰酸盐和腈等有毒物质。菜籽饼(粕)中所含的芥子碱具苦味,适口性差,甚至可影响产品的风味。还含有一定量的植酸和单宁,可降低蛋白质、氨基酸和矿物元素的利用率,从而影响鸭的生产性能。

在使用中应避害趋利合理利用,一般鸭的菜籽饼(粕)用量在5%以下较宜。与棉籽饼(粕)搭配使用,可收到较好效果。

我国现已大面积种植“双低”(低芥酸和低硫葡萄糖苷)油菜籽,其饼(粕)中的有毒有害物质显著减少,可加大用量。

20. 芝麻饼(粕)的营养特性有哪些?

芝麻籽榨油后的副产品。芝麻饼(粕)的粗蛋白质含量约为40%,蛋氨酸含量在饼(粕)中最高,但赖氨酸含量却较低。

矿物质中钙、磷含量都比较高,但植酸磷含量高达82%,影响了钙、磷、锌等的吸收利用。

芝麻饼(粕)具有苦涩味,适口性较差,用于鸭饲料时,一般用量控制为1%~3%,并适当增加赖氨酸、钙、锌等的供给量,以改善饲喂效果。与棉籽饼(粕)和花生饼(粕)搭配使用,可收到较好效果。

21. 棉籽饼(粕)的营养特性有哪些?

棉籽饼(粕)是棉籽榨油后的副产品,是产棉区常用的蛋白质饲料。粗蛋白质含量较高,为39%~43%,与花生仁饼(粕)相似,蛋白质品质较差,赖氨酸和蛋氨酸含量较低,精氨酸含量高,赖氨酸和精氨酸之间的比例,远远超过了理想比例100∶120,从而产生拮抗作用,降低了赖氨酸的利用率。粗纤维含量较高,介于10%~12.5%,随含壳量多少而异。棉籽饼(粕)含有一些抗营养因子,主要是游离棉酚,还有环丙烯脂肪酸、单宁和植酸等,可降低饲料消化率。游离棉酚还具有毒性,可导致鸭中毒。

22. 玉米蛋白粉的营养特性有哪些?

玉米蛋白粉又称玉米面筋粉或玉米麸粉。它是玉米除去胚芽及外皮,再经加工提取淀粉后的副产品,其粗蛋白质含量为40%~65%。玉米蛋白粉呈金黄色,蛋白质含量愈高,金黄色愈浓。

玉米蛋白粉的代谢能、粗蛋白质、粗脂肪含量均显著高于玉米,其粗蛋白质受加工工艺的影响,变化较大。必需氨基酸的含量普遍高于玉米。无氮浸出物的含量明显低于玉米,粗纤维含量与玉米接近。除铁外,其他矿物质元素含量很少,总磷大约为钙的7倍,非植酸磷约占总磷的25%。

玉米蛋白粉属高能高蛋白质饲料,蛋白质的消化率很高,适

合于饲喂各种鸭的各阶段，但应注意适当添加赖氨酸以保持氨基酸的平衡。

23. 鱼粉的营养特性有哪些？如何进行鱼粉质量鉴定？

鱼粉是以全鱼或鱼头、鱼尾、鱼鳍、内脏等为原料，经过蒸煮、压榨、干燥、粉碎加工后的粉状物质。随原料和加工工艺的不同，其粗蛋白质含量为50%～67%，蛋白质的消化率高达90%以上，各种氨基酸的比例较符合鸭的需要，必需氨基酸含量高。进口鱼粉粗蛋白质含量在60%以上，国产鱼粉约50%以上。粗蛋白质过高或过低，属不正常现象，有掺假的可能。

鱼粉矿物质含量高，钙、磷比例接近鸭的生理需要，不含植酸磷，磷的利用率高。鱼粉因加工工艺不同其食盐含量在1%～5%间，高者可达30%。微量元素中铁、锌、硒的含量较高，海产鱼含有较多的碘。维生素A、维生素E和B族维生素等的含量较丰富。含有促生长未知因子(UGF)，可促进幼鸭的生长。

鱼粉常存在掺假产品，购买时应注意识别。部分鱼粉含食盐高，会造成食盐中毒。鸭配合饲料中鱼粉的用量不超过10%为宜。鱼粉脂肪含量较高，久贮易氧化酸败，适口性降低，可引起腹泻。

鱼粉的品质感观鉴定方法如下。

色泽：随制作鱼粉的原料不同，色泽也各异。如鲱鱼粉呈淡黄色或淡褐色，沙丁鱼粉呈红褐色，鳕鱼、鲽鱼等鱼粉呈淡黄色或灰白色。

气味：应有正常的烤鱼腥香味，有鱼溶浆者腥味较重。若有酸败、氨臭或焦味，则表示该鱼粉品质不佳。

外观：呈均匀的粉状，有明显的闪亮鳞片、鱼眼、鱼骨等，并可见到鱼肉纤维，用手揉搓有肉质感。

24. 桑蚕蛹的营养特性有哪些?

桑蚕蛹是缫丝工业的副产品，是抽丝后剩下的蚕蛹经高温干燥、粉碎，制成桑蚕蛹粉。桑蚕蛹含有丰富的代谢能，是一种高能高蛋白质饲料，粗蛋白质含量达 60%以上，与优质鱼粉相近，且氨基酸的组成较合理，粗脂肪含量超过 20%，常被用来提高饲粮的能量和蛋白质浓度，是鸭配合饲料的优质原料。但桑蚕蛹有一种特殊气味，影响蛋的品质，饲粮中比例不宜超过 5%，饲喂桑蚕蛹的肉鸭，在屠宰前 1 周应停喂，以免影响肉的风味。

25. 饲料用肉骨粉和肉粉的营养特性有哪些?

肉骨粉、肉粉是屠宰厂或肉品加工厂废弃的碎肉、内脏、骨骼等原料，经过高压蒸汽灭菌、去油、烘干、粉碎而成，若产品中骨骼含量大于 10%的称肉骨粉，不足 10%的称肉粉。

肉骨粉和肉粉均属蛋白质饲料，粗蛋白质含量 40%～70%，肉骨粉粗蛋白质含量为 45%～55%，肉粉达 60%～70%。氨基酸含量与原料有关，结缔组织和角质较多的肉骨粉，其必需氨基酸含量很低，蛋氨酸及色氨酸均明显低于鱼粉，赖氨酸含量略高于豆粕，蛋白质生物学价值不如鱼粉。

肉骨粉及肉粉含有较多的钙、磷(尤其是肉骨粉)，含钙量为 5.3%～9.2%，磷为 2.5%～4.7%。是 B 族维生素的良好来源，尤其含有较多的维生素 B_{12}、烟酸、胆碱，但缺少维生素 A 和维生素 D。

肉骨粉及肉粉的有效能值显著低于鱼粉，且随原料的变化而有较大差异。

肉骨粉可作为鸭的蛋白质和钙、磷补充饲料，但饲养效果不如鱼粉，甚至有些肉骨粉和肉粉比大豆饼(粕)差。肉骨粉和肉粉及其原料易受细菌污染，尤以沙门氏杆菌的污染危害最严重，使用时最好能检测产品中的大肠杆菌及沙门氏菌。由于品质变化较大，使用量不宜超过6%。肉骨粉和肉粉应存放在通风、干燥、阴凉处，防止遭受氧化酸败。肉骨粉和肉粉有掺假的情况，应注意识别。

肉骨粉和肉粉的感观指标如下。

颜色：呈黄色、淡褐色或深褐色，脂肪含量高时颜色加深，加热过度时颜色也会加深。

味道：具烤肉的香味或猪、牛油味，如出现酸败味，表明已变质。

26. 石粉和碳酸钙的营养特性有哪些?

天然优质石灰石粉碎制成石粉，又称石灰石粉，主要成分为碳酸钙，含钙34%～39%，价格低廉、利用率高，可用于补钙。石粉中往往含有较多的镁、铅、汞、砷及氟，需维持在卫生标准允许范围之内。鸭饲用石粉粒度以1.3毫米左右(28目左右)为宜。

碳酸钙是由石灰石煅烧粉碎而成，是鸭常用的一种优质钙源，含钙量40%。我国饲料级轻质碳酸钙质量标准参见HG 2940—2000，外观为白色粉末。

27. 骨粉的营养特性有哪些?

骨粉是采用动物的骨骼，经过加热、加压、脱脂、脱胶、干燥、粉碎等工序制成。主要成分为磷酸钙，钙的含量为30%～35%，磷为13%～15%，钙、磷比例适宜，并含鸭所需的多种微量元素，如含铁2.7%、铜1.2%、锌1.3%,含氟量仅0.05%。

骨粉若发现有异味、腥臭、灰泥色,表明骨粉可能已被致病菌污染,不能饲用。

表1-3 不同加工方法骨粉钙、磷含量

加工方法	磷(%)	钙(%)	氟(毫克/千克)
煮骨粉	10.95	24.53	—
脱脂煮骨粉	11.65	25.40	—
蒸汽处理骨粉	12.86	30.71	3.57
脱脂蒸汽骨粉	14.88	33.59	—
骨制沉淀磷酸钙	11.35	28.77	—

28. 磷酸氢钙与脱氟磷酸钙的营养特性有哪些?

磷酸氢钙呈白色或灰白色,形态呈粉末状或颗粒状。其中二水化合物的钙、磷利用率较高。

脱氟磷酸钙是天然磷钙矿石或磷灰石粉碎脱氟而得。含钙36%、磷16%、氟低于0.2%,由于含氟量低,比磷酸钙更安全,是鸭理想的钙、磷补充饲料。

29. 食盐的营养特性有哪些?

食盐供给鸭所需的氯和钠,具有改善适口性,刺激食欲,促进消化的功能。饲用食盐的粒度应通过0.61毫米筛孔,含水不超过0.5%,纯度在95%以上。一般使用加碘食盐,碘含量在70毫克/千克左右。鸭饲粮中食盐含量不宜过多,视配合饲料中其他原料含钠、氯量而定,一般食盐占饲粮的0.2%～0.35%,过多会造成

食盐中毒。

30. 贝壳粉、蛋壳粉与碳酸氢钠的营养特性有哪些？

贝壳粉是牡蛎壳、蚌壳、蛤蜥壳、螺蛳壳等经过干燥、粉碎而成的产品统称，呈粉状或颗粒状，灰白色或浅灰色，主要成分为碳酸钙，钙含量33％～38％，与石粉相近，蛋白质和磷含量甚微，常忽略不计。添加贝壳粉，可改善蛋壳品质，提高产蛋率。

蛋壳粉是蛋壳经灭菌、干燥、粉碎制成的产品。因蛋壳附着少量蛋白和壳膜，易孳生病菌，一旦遭受病菌污染将严重影响其品质，甚至传播疫病，因此必须严格消毒。蛋壳含钙30％～35％，是一种优质钙源，可与贝壳粉或石粉配合使用，改善蛋壳强度。

碳酸氢钠是化工合成产品，用于补充钠的不足，调剂氯、钠比例，即当饲粮中氯含量较多，而钠不足时可用碳酸氢钠补充。碳酸氢钠是一种很好的缓冲剂和电解质，可缓解因炎热造成的热应激，改善蛋壳强度，提高蛋品品质。在添加碳酸氢钠的同时，应注意适当降低食盐的供给量。

二、鸭的营养需要

1. 鸭消化系统各部位的生理功能是什么？

鸭的消化系统包括喙、食管、胃、肠道、泄殖腔以及肝、胆和胰腺等消化腺器官，详见图2-1。

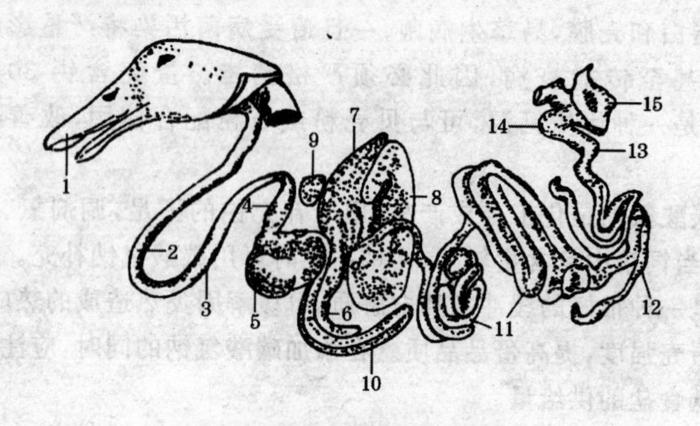

图2-1 鸭消化系统简图

1. 喙 2. 食管 3. 嗉囊 4. 腺胃 5. 肌胃 6. 胰腺 7. 肝脏 8. 胆囊 9. 脾 10. 十二指肠 11. 空肠 12. 盲肠 13. 直肠 14. 泄殖腔 15. 肛门

鸭的喙用于采食食物，食管的"嗉袋"用于贮存和软化食物。

胃分为腺胃和肌胃。腺胃内壁有许多腺体，分泌蛋白酶、盐酸，肌胃壁由很厚的肌肉层构成，用于磨碎食物。食入的沙粒有利于食物研磨。

十二指肠可分泌肠液，与胰腺分泌的胰液及肝脏分泌的胆汁进入十二指肠，在十二指肠内共同分解脂肪、蛋白质、碳水化合物等营养物质。

空肠、回肠在其肠黏膜的内壁有许多绒毛，它们可以扩大与食糜的接触面积。绒毛上面分布有许多毛细血管，是吸收饲料中营养物质的主要部位。

鸭的盲肠具有消化和吸收功能，可分解少量的粗纤维，并吸收水分和电解质。食物残渣在直肠内被吸收水分后送入泄殖腔。

肝脏是营养物质的储存仓库，部分糖、蛋白质、多种维生素和铁元素贮存于肝脏。参与蛋白质、糖原的分解与合成，并有解毒功能。其分泌的胆汁使脂肪乳化，有利于鸭对脂肪及脂溶性维生素的吸收。

肛道壁内的肛腺，能分泌黏液，肛门附着的括约肌控制粪便的排泄。

饲料营养物质消化吸收过程示意如图 2-2。

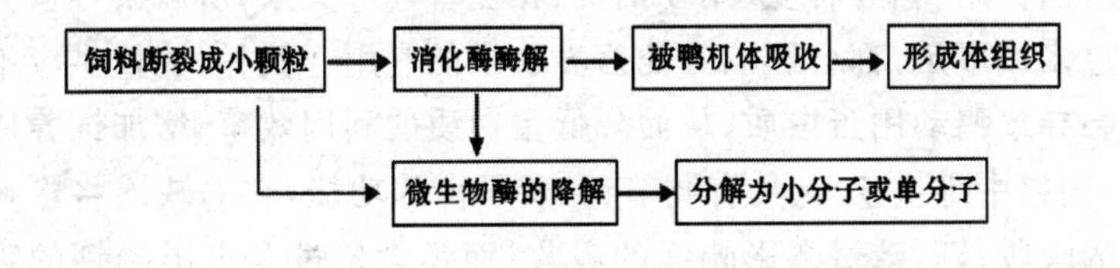

图 2-2　饲料营养物质消化吸收过程示意

2. 各种营养物质在鸭体内怎样消化吸收?

饲料中的主要营养物质蛋白质、脂肪、碳水化合物在鸭体内的消化吸收见图 2-3。

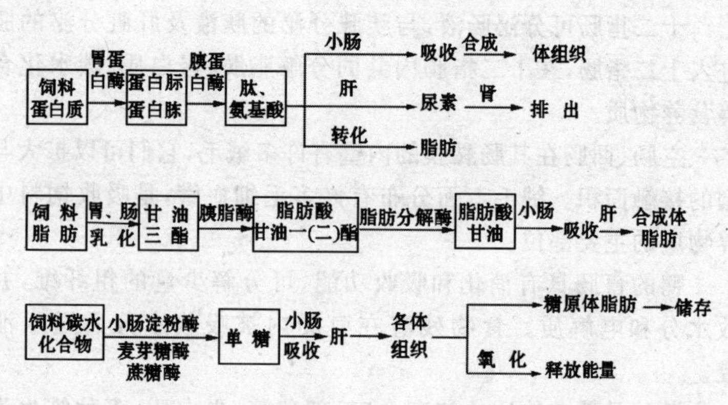

图 2-3 主要营养物质在鸭体内的消化吸收示意

3. 影响饲料营养物质利用的因素有哪些？

(1)各种营养物质的合理搭配 由于各种营养物质之间存在着协同作用、相互转变、相互拮抗、相互替代等关系，所以某一营养素过多或不足，都会影响其他营养物质的利用。例如，能量供应不足会导致鸭动用蛋白质，从而降低蛋白质的利用效率，增加饲养成本；饲料中维生素 D_3 具有调节钙、磷平衡的功能，它的缺乏将影响钙的吸收；钙、磷过多影响镁的吸收，而镁含量过多也影响钙的吸收和沉积；钙、磷比例不当也会降低钙、磷的吸收率。饲料中钙含量过高会影响锌、铁等元素的吸收，精氨酸过多会影响赖氨酸的吸收；粗纤维含量过高会影响其他营养物质的消化吸收等。

(2)各种应激因子 外部环境产生的各种应激因子，都可能引发消化功能紊乱，进而降低饲料营养物质的消化吸收。诸如，突然改变饲喂制度、突然变换饲料、噪声、骤然暴发的高温或寒冷、鸭舍内大量聚集有害气体(如氨和硫化氢)、饲养场地密度过大等。

(3)饲料加工 饲料加工得当可有效改善其消化吸收。例如，子实饲料的加热处理可使豆粕的蛋白质消化率比未加热处理的高16%左右；膨化饲料使饲料中部分淀粉熟化，能有效提高饲料的适口性和消化率；棉籽粕、花生粕、向日葵粕和菜籽粕经脱壳处理后营养价值明显提高；豆粕去皮后消化率比未去皮的提高19%左右；血粉发酵处理后其消化率也有明显提高。

(4)抗营养因子 抗营养因子指一系列具有干扰营养物质消化吸收的生物因子，存在于所有的植物性饲料中，非淀粉多糖(NSP)也具有抗营养作用，NSP是植物组织中除淀粉外所有碳水化合物的总称，NSP不能被鸭自身分泌的消化酶水解，并与消化酶结合，抑制消化酶对底物的渗透，从而降低了营养物质的消化率和利用率，饲料能值也随之降低；抗胰蛋白酶因子，能够抑制蛋白质在肠道内的分解；鸭消化道内缺少降解植酸的酶，因此植酸磷不能被有效地利用。同时，植酸又是一种重要的抗营养因子，会与某些蛋白质、多种微量元素结合而影响它们的吸收。

(5)饲料形态 饲料颗粒过大难以与消化酶充分接触，接受消化酶的酶解，从而降低消化率。但饲料过细形成粉末，也不利鸭的采食和消化，造成浪费和污染空气。饲料颗粒的大小与绿豆相似较宜。

(6)饮水 水是鸭生命活动的物质基础，参与鸭生理活动的全过程，饮水不足会降低食欲，降低消化液的分泌，减少消化和吸收。饮水过多(一般不易产生，偶尔出现在夏季高温或长时间断水后恢复供水时)可导致消化液被稀释，加快饲料通过消化道的速度，从而降低饲料的消化吸收。

另外应考虑疾病、群体效率、个体差异等，有针对性地采取措施，提高饲料转化率。

4. 鸭对能量需要的特点是什么?

维持鸭的生命活动(包括维持体温、心跳、呼吸、分泌体液、血液循环、消化吸收等),促进生长发育和生产活动(包括采食、生长、繁殖、增重、产蛋等)均需要能量。但鸭对能量的需要是有限的,多余的能量可转化成脂肪储存在体内。饲料中能量的转化遵循图 2-4。

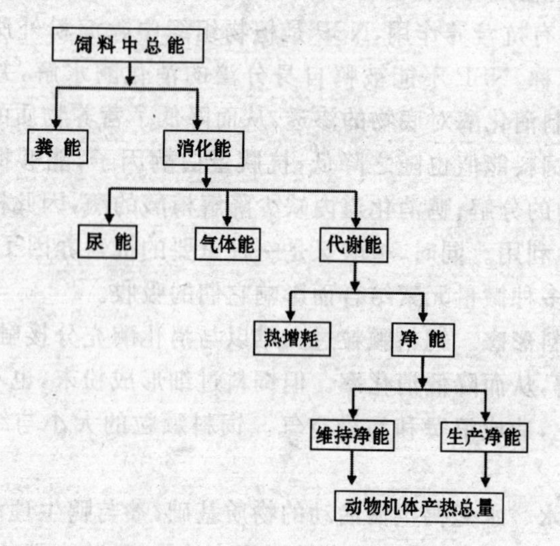

图 2-4　饲料中能量转化示意

从图 2-4 可见,饲料营养物质进入机体后所产生的热能,被机体真正利用的只是净能。净能首先用于维持机体生命活动,多余部分才用于生产。因此,在养鸭实践中,采用科学的饲养方式,为鸭创造一个适宜的生存环境,尽量减少用于维持的净能,可以有效地降低饲养成本,提高饲料报酬。

鸭的能量主要来源于碳水化合物(主要是其中的淀粉),其次

是脂肪，再次是蛋白质。碳水化合物作为鸭的主要能量供应者，其来源广泛，价格低廉，在配制鸭饲粮时，应充分利用碳水化合物饲料。脂肪的能量是碳水化合物的2.25倍，但因其价格较高不宜作为主要能量来源，主要作为必需脂肪酸的来源。饲粮中添加少量脂肪可有效提高饲粮的能量浓度、饲料利用率和生产性能。蛋白质作为能量的来源非常不划算，并且由氨基酸转换成葡萄糖时，也将消耗一定的能量，主要作为必需氨基酸的来源。鸭消化饲料中粗纤维素的能力很弱，所以纤维素和木质素中所含的能量不易被鸭利用。

鸭对能量的需要用代谢能表示，代谢能是饲料总能减去粪能、尿能、气体能。营养学中能量的法定单位用焦耳表示，1 000焦耳=1千焦耳；1 000千焦耳=1兆焦耳，旧制单位用卡表示。焦耳与卡的等值关系如下：

4.184 焦耳=1 卡

4.184 千焦耳=1 千卡

4.184 兆焦耳=1 兆卡

在生产中应正确掌握好能量水平的应用，一般情况下，高能量饲粮的饲料报酬较高，从成本考虑应该根据鸭的品种特性、生长发育阶段、生产目的和生产性能来确定饲粮的能量水平。肉用仔鸭和肥育肉鸭要求供给较高的能量，种用鸭在育成期和产蛋期，饲粮能量水平不宜过高，否则会导致过肥，影响产蛋，并使成活率明显下降。

5. 饲粮能量对采食量有什么影响?

禽类都有为能而食的特点，饲粮能量水平是决定鸭饲料采食量的重要因素，当饲粮中的能量过低时，鸭的采食量增加。反之，采食量随之降低。因此，其他营养素因采食量的变化，而背离需要量影响鸭的生产。能量的需要又常随环境条件的变化而增减,在寒冷的冬季气温下降,这时鸭需要较多的能量,而在酷热的夏季,对能量的总需求相对减少。为了避免因能量改变采食量,造成蛋白质等其他营养素的摄入量的变化,应确定能量与蛋白质的适当比例,根据这个比例在采食量发生变化时,对其他营养素的比例作出相应调整,确保营养物质的均衡。一般夏季可加大能量蛋白比值,冬季则可减小能量蛋白比值,即夏季高温时可适当增加饲粮中蛋白质的含量,冬季基本维持标准不变。在鸭的营养中能量蛋白比显得比单独的蛋白质和能量需要量更重要。

在生产实践中判断饲粮的能量蛋白比是否合理,比较直观而简便的方法就是观察鸭的粪便状况。如比例合适时,鸭粪便表面有少量的白色尿酸盐;蛋白质明显不足时,粪便表面几乎看不到白色尿酸盐;蛋白质供给过多时,粪便表面覆盖着大量白色尿酸盐。

6. 碳水化合物对鸭的主要生理功能是什么?

碳水化合物是构成鸭体组织、器官不可缺少的成分。例如结缔组织中的黏多糖、细胞核酸中的五碳糖、细胞膜中的糖蛋白以及神经细胞中的糖脂等。

(1)能量主要来源 鸭机体所需的热能主要来源于碳水化合物中的无氮浸出物,多余的可转化成鸭体脂肪和糖原,这对肥育鸭增重、改善肉的品质具有重要意义。但是饲粮中碳水化合物过多,而鸭运动不足时,就会沉积大量的体脂肪,导致产蛋率下降甚至停止产蛋,严重时可引发脂肪肝综合征,在鸭肝脏、腹腔及皮下沉积大量脂肪;如果饲粮中碳水化合物供应不足,不能满足鸭能量需要时,就会动用体内的脂肪、糖原,甚至会分解体蛋白质,从而出现生长缓慢、消瘦、生产性能下降等现象。

(2)改善饲粮结构 饲粮中的粗纤维经肠道微生物降解,产生

的不饱和脂肪酸，可为鸭提供少量的能量。适量的粗纤维可以改善饲粮结构，使鸭有一种饱食感，刺激胃肠蠕动，刺激胃液、胆汁和胰液的分泌，有助于酶的消化作用，保证鸭正常的消化功能，并能防止发生啄癖。饲粮中粗纤维含量越高，其他营养物质的消化率就越低，饲粮能量、蛋白质等营养物质的含量也越低。此外，饲粮中的粗纤维还具有吸附饲料和消化道中某些有毒有害物质，将其排出体外的功能。

(3)改善羽毛生长　纤维素还具有改善羽毛生长的功能，当含量合适时，鸭背部、两侧羽毛较丰满，啄毛现象减少。

一般饲粮粗纤维的适宜含量雏鸭不超过3%，青年鸭、产蛋鸭不超过6%。

(4)增强免疫力　低聚糖的特殊作用。低聚糖又称寡聚糖、化学益生素、益生元、双歧因子等，其主要成分为水苏糖、棉籽糖和蔗糖。低聚糖具有特殊的营养作用，能刺激肠道双歧杆菌、乳酸杆菌等有益菌的繁殖，抑制肠道内有害细菌生长，改善肠道微生物区系，激活机体免疫系统。在饲粮中添加低聚糖可促进生长、提高饲料利用率、增强机体免疫力。

最常见的低聚糖天然来源是豆类子实，成熟后的大豆约含有10%低聚糖，其中1%是棉籽糖，4%是水苏四糖，长期摄入大豆低聚糖能减少体内有毒代谢物质产生，减轻肝脏解毒的负担。饲料中的低聚糖主要依靠肠道中有益微生物的发酵降解，但如果数量过高，发酵产气过多可能导致肠胃胀气。

7. 脂肪对鸭的主要生理功能是什么?

(1)是鸭体组织、器官、激素和蛋的重要成分　皮肤、骨骼、肌肉、神经、血液、肝、脑、卵子和精子等都含有脂肪。脂肪也是细胞膜的重要组成成分，脂肪还是组织细胞增殖、更新及修补的重要原料。

(2)优质热能 脂肪的能值最高,在体内氧化产生的能量为等量碳水化合物的2.25倍,而且脂肪的热增耗低,由消化能、代谢能转化为净能的效率比碳水化合物和蛋白质高5%～10%,还能提高能量利用率。当鸭摄入的脂肪过多时,可将其以体脂肪形式储备起来,在饲料能量供给不足或应激状态下,动用储备脂肪来供给能量。

(3)维生素的溶剂 脂肪能促进维生素A、维生素D、维生素E、维生素K及胡萝卜素的吸收和利用。实践证明,如果饲粮中脂肪严重不足可导致脂溶性维生素缺乏。

(4)保护鸭躯体 鸭的皮下脂肪能减少体热的散失,有利于维持体温和抵御寒冷。脂肪还有保护器官防止外力冲击和固定内脏的作用,其尾脂腺中的脂肪对维持羽毛蓬松具有特殊意义。

8. 鸭饲粮中必需脂肪酸有哪些生理功能?

凡是家禽体内不能自身合成,必须由饲料供给,对机体正常生理功能具有重要作用的不饱和脂肪酸,称为必需脂肪酸。包括亚油酸,亚麻酸和花生油酸3种。必需脂肪酸是构成细胞,特别是细胞膜磷脂的重要成分,广泛存在于生殖器官和一些激素中,同时也对运送脂类起着很好的作用。它们还是合成前列腺素的主要原料,还参与磷脂的合成和胆固醇的正常代谢。在鸭的营养上唯一必需的脂肪酸是亚油酸,存在于植物性油脂中。当亚油酸不足时,雏鸭易患脂肪肝和呼吸道病,种鸭出现产蛋率、孵化率下降,且会导致脂肪积蓄,皮肤鳞片化、皮下出血及水肿,尾部坏死,免疫力下降,生长受阻甚至死亡。

常用饲料中亚油酸的含量比较丰富,如植物油、玉米等。亚麻酸主要来自于叶菜类等青饲料。亚油酸在鸭机体内可转化成亚麻酸和花生油酸,所以在配合饲粮时只需考虑亚油酸的供应。饲粮

中亚油酸的含量达 1.0％时基本能满足鸭的需要，以谷物子实为主的饲粮一般不易缺乏。

9. 鸭饲粮中添加油脂有什么作用？

在肉鸭饲粮中添加一定量的油脂替代等能值的碳水化合物，能减少消化过程中能量的消耗，降低热增耗，增加饲粮净能，同时添加植物油脂和动物油脂效果更好。添加油脂还有改善饲料适口性的效果，并可延长饲料在消化道的停留时间，有助于其他营养物质的消化吸收，特别是肉用鸭效果更显著。

在生产实践中，以谷物子实为主的饲粮，很难满足生长肥育鸭的能量需要，要求在饲粮中添加一定量的油脂。肉鸭饲粮油脂添加量为 3％～4％。肉鸭体内沉积脂肪主要是在肥育期，为了提高生产性能和鸭肉品质，可以在生长肥育前期添加动物性油脂，后期添加含必需脂肪酸高的植物油。

饲粮中不能添加酸败的脂肪，酸败脂肪能形成脂肪过氧化物，从而降低脂肪的能值，维生素 E、维生素 A、维生素 A 原、维生素 D 等脂溶性维生素遭到破坏，甚至水溶性维生素也会遭破坏，饲料适口性变差。油脂的添加量应依据饲养标准来确定，添加的油脂要充分混匀，最好采用油脂喷雾搅拌，添加油脂的饲料应在短期内饲喂，以防止油脂氧化酸败变质。为了防止氧化酸败，可在饲料中添加抗氧化剂，以维持饲料品质。

10. 蛋白质对鸭的主要生理功能是什么？

(1)构成体组织和细胞　蛋白质是生命的基础，是构成鸭体组织、细胞的基本材料，约占细胞重的 1/2。神经、肌肉、血液、皮肤、结缔组织和内脏器官等均含有大量的蛋白质。蛋白质在这些组织

器官中起着传导、运输、支持、保护等作用。

(2)参与修补与更新组织 鸭在整个生命活动过程中始终维持羽毛、爪等生长、组织器官不断地更新、增殖，损伤组织的修补，都需要一定数量的蛋白质。

(3)蛋白质是鸭体内体液、酶、激素、抗体、色素等的主体成分 它们都是鸭生命活动中不可缺少的物质。酶在新陈代谢过程中起着催化作用；鸭体细胞中的核蛋白是与生长、生殖有密切关系的物质；激素具有调节生理功能的作用；抗体具有免疫及防御功能；体液在维持体内正常渗透压及养分运输代谢方面发挥重要作用；血液中的血红蛋白运输氧和二氧化碳。这些活性物质对鸭生理功能进行相互协调，参与和调节各种营养物质的消化代谢，完成整个机体的生命活动。

(4)产品的重要组成 蛋白质是鸭蛋、鸭肉、羽毛等鸭产品的重要组成成分。鸭肉中含蛋白质13%～22%，蛋中含蛋白质11%～15%，羽毛中含蛋白质80%～85%。

(5)供给能量 蛋白质也是能量来源之一，蛋白质可分解供能也可转化为糖和脂肪，当食入的蛋白质过多或饲粮氨基酸不平衡时，多余的氨基酸在体内即可转化为糖和脂肪。因转化率低且成本较高，在实践中应尽量避免用蛋白质作为能量供应源。

11. 蛋白质缺乏与过量有哪些危害?

当鸭摄取的饲料蛋白质不足或品质低劣时，体内蛋白质的分解多于合成，正常的生理功能就遭到破坏，导致生产性能降低，主要表现为以下几种。

(1)消化功能紊乱 饲粮中蛋白质供给不足，引发鸭消化、代谢紊乱，消化液的分泌受阻，导致食欲下降、慢性腹泻和精神委靡等现象。

(2)幼鸭生长受阻 幼鸭正处于生长发育旺盛期，体内的各个组织器官都处在高速生长发育阶段，对蛋白质的需求比较旺盛。如果此时蛋白质供应不足，幼鸭生长发育减慢，停滞甚至死亡。

(3)诱发多种疾病 蛋白质是血液中血红蛋白、血细胞蛋白和血浆蛋白等的主要成分，鸭饲粮中如果缺乏蛋白质，体内血红蛋白和血细胞蛋白的合成大量减少，产生贫血。蛋白质严重缺乏时可减少血液中抗体，如免疫蛋白减少，抗病力因此降低。另外，蛋白质的缺乏会导致血液胶体渗透压降低，发生水肿。

(4)生产性能下降、繁殖力降低 生长鸭生长发育受阻，停滞甚至掉膘；成年鸭开产期延迟，产蛋率下降，蛋重减轻，品质变劣，孵化率低，雏鸡成活率低；肉用鸭屠体品质不佳。

(5)饲料蛋白质供给过量 会引起消化障碍，蛋白质在体内分解产生的多余氨基酸，在肝脏中代谢产生尿酸，为了排除过多的尿酸，必然加重肾脏负担，致使其功能受到损害，严重时在肾脏、输尿管或身体其他部位有大量尿酸盐沉积，有可能引发痛风，甚至引起死亡。蛋白质供应过量还能导致蛋白质的浪费，增大饲料成本。排出的大量含氮物质将严重污染环境。

在生产实践中，粗放饲养的鸭缺乏蛋白质的现象较为普遍，尤其是在肉鸭饲养中，更为突出。

12. 什么是必需氨基酸？

首先应当指出，合成体蛋白质的 22 种氨基酸对鸭都是必需的，这里所说的“必需”是指这些氨基酸必须由饲粮供给而已。

必需氨基酸是指鸭合成体蛋白质需要的，但在体内不能合成或合成的速度及数量不能满足正常生长和生产的需要，而必须由饲料中供给的一类氨基酸。鸭在不同生理阶段，对需要的必需氨基酸在种类、数量上并不完全相同。一般情况下鸭所需要的必需

氨基酸有 10 种，即赖氨酸、蛋氨酸、色氨酸、亮氨酸、异亮氨酸、苯丙氨酸、苏氨酸、缬氨酸、精氨酸和组氨酸，雏鸭还须加上甘氨酸、胱氨酸和酪氨酸成为 13 种必需氨基酸。饲粮中必需氨基酸不足往往会导致鸭的生长和生产性能的下降。鸭的氨基酸需要量见表 2-1，表 2-2。

表 2-1　鸭的必需氨基酸及其需要量　（%）

项　目	北京鸭		土番鸭		杂交鸭	
	0～3 周龄	4～8 周龄	0～3 周龄	4～10 周龄	0～3 周龄	4～7 周龄
粗蛋白质	18	16	18.7	15.4	20	18
蛋氨酸	0.45	0.45	0.5	0.45	—	—
蛋氨酸＋胱氨酸	0.98	0.77	0.69	0.67	0.85	0.77
赖氨酸	1	0.89	1.1	0.9	1.11	1
色氨酸	0.2	0.18	0.24	0.2	0.22	0.2
精氨酸	1	0.89	10.12	0.92	1.11	1
组氨酸	0.4	0.36	0.43	0.35	0.44	0.4
亮氨酸	1.5	1.33	1.31	1.08	1.67	1.5
异亮氨酸	0.5	0.44	0.66	0.54	0.56	0.5
苯丙氨酸	0.8	0.71	0.89	0.8	—	—
苯丙氨酸＋酪氨酸	1.19	1.06	1.44	1.19	1.33	1.19
苏氨酸	0.55	0.69	0.69	0.57	0.61	0.55
缬氨酸	0.8	0.71	0.8	0.68	0.89	0.8
甘氨酸	1	0.89	1.22	0.71	1.11	1

注 1：均为鸭饲粮中的推荐水平

注 2：摘自《养鸭手册》第二版　岳永生主编　中国农业大学出版社

表 2-2　肉鸭各阶段的氨基酸需要量　（%）

项　目	0～3 周龄			4～7 周龄		
	AAA（克）	T-AA		AAA（克）	T-AA	
		总量（克）	百分比（%）		总量（克）	百分比（%）
赖氨酸	9.1	10.71	0.78	22.05	26.47	0.42
组氨酸	3.66	4.33	0.31	9.24	10.87	0.17
精氨酸	12.43	14.62	1.06	32.2	37.88	0.6
苏氨酸	6.71	7.89	0.57	17.93	21.09	0.33
色氨酸	1.58	1.86	0.14	3.97	4.67	0.07
蛋氨酸＋胱氨酸	15.33	18.04	1.31	42.9	50.47	0.79
蛋氨酸	4.84	5.69	0.41	12.11	14.25	0.22
异亮氨酸	6.51	7.66	0.56	17.78	20.92	0.33
亮氨酸	12.42	14.61	1.06	33.19	39.05	0.61
苯丙氨酸	6.97	8.2	0.6	18.78	22.07	0.35
苯丙氨酸＋酪氨酸	13.14	15.76	1.14	35.77	42.08	0.66
缬氨酸	8.59	10.11	0.73	23.81	28.01	0.44
甘氨酸	21.51	25.31	1.84	58.18	68.45	1.08

注 1：AAA（克）代表饲粮可利用氨基酸的阶段总需要量

注 2：TAA（克）代表饲粮总（或粗）氨基酸需要量、氨基酸利用率估计值为 0.85

注 3：摘自《家禽饲料手册》第二版　刘月琴主编　中国农业大学出版社

13. 什么是非必需氨基酸？

非必需氨基酸是指能在鸭体内合成或可由其他氨基酸转化而来，不必在饲料中添加的一类氨基酸。这类氨基酸也是鸭需要的，

在鸭的新陈代谢过程中同样起着重要作用，如丙氨酸、谷氨酸等。有几种必需氨基酸与某一种非必需氨基酸在结构上相似，在机体新陈代谢过程中可转变成相应的非必需氨基酸。例如，蛋氨酸脱甲基后可转变为胱氨酸和半胱氨酸，苯丙氨酸可转变成酪氨酸，甘氨酸可转变成丝氨酸等。由此可见，当饲粮中非必需氨基酸供给不足时，就会动用一些必需氨基酸转化成非必需氨基酸，造成必需氨基酸的浪费或缺乏。故此，在饲料中供给足够的非必需氨基酸，则可节省必需氨基酸的用量。

14. 什么是限制性氨基酸？

鸭用饲料中最容易缺乏赖氨酸、蛋氨酸和色氨酸，而这些氨基酸缺乏时，常常限制了其他氨基酸的利用，降低了蛋白质的合成，使饲料蛋白质的总利用率降低，因此将这几种氨基酸称为限制性氨基酸。根据各种氨基酸的缺乏程度又可分为第一、第二、第三……限制性氨基酸。饲料种类不同，其必需氨基酸的含量也不同，鸭的生产用途和性能不同，其限制性氨基酸的种类和顺序也不同。因此，同一种饲料对不同生产用途和性能的鸭或不同的饲料对同一种鸭，其限制性氨基酸的种类和序位也可能不同。一般而言，鸭因其羽毛形成或产蛋需要较多的含硫氨基酸，故第一限制性氨基酸就可能是蛋氨酸，各种饲料蛋白质的限制性氨基酸，其限制性顺序并不相同，例如，玉米等谷实类饲料，鸭的第一限制性氨基酸是赖氨酸，而在玉米-豆粕型日粮中，鸭的第一限制性氨基酸则是蛋氨酸。在某些情况下，其他必需氨基酸也可能转变为限制性氨基酸。

在生产实践中，了解某种鸭或某种饲料限制性氨基酸的顺序，在调整平衡饲粮氨基酸的比例，以及添加合成氨基酸等方面会有所帮助。

15. 什么是氨基酸平衡？

氨基酸平衡是指饲料中氨基酸的数量和比例与鸭的需要相一致，这种一致的协调关系就是氨基酸平衡。但是在生产实践中，单一饲料所含蛋白质中的氨基酸种类往往不齐全或与鸭的需要不一致，配制饲料的任务之一就是要实现饲粮氨基酸的平衡。经过氨基酸平衡的饲粮其蛋白质品质明显提高，生物学价值和蛋白质的利用率也随之升高。

实现氨基酸平衡主要依靠氨基酸的互补作用，不同的饲料所含各种氨基酸存在很大的差异。在配制饲粮时选用多种饲料原料，就是利用这些差异发挥取长补短的互补作用，从而提高饲粮氨基酸配比的合理性，达到提高饲粮蛋白质生物学价值的目的。反之，当饲粮中绝大部分氨基酸含量都处于合理阶段，仅个别氨基酸含量偏低，则将降低其他氨基酸的利用率。这可以利用木桶来比喻，帮助更好地理解这一概念。我们将木桶的每一木条假设为一种氨基酸，那么只有在每一木条具有相等的高度时，盛水量为最大。也即只有在每一种氨基酸的功能需要量，都能满足动物需要时，氨基酸的利用率最高。假若饲粮中绝大多数氨基酸都能100％地满足动物需要，唯独赖氨酸只能满足鸭需要的 80％，那么所有氨基酸的最大利用率也只能是 80％。其余 20％则在肝脏中进行脱氨，生成尿酸，随尿排出体外，动物生长速度相应也只能达到 80％。这就是通常所说的“水桶板块效应”。因此，配制饲粮的目标不仅仅是满足鸭对营养素的需要，而是要尽可能经济地满足鸭对营养素的需要，使营养成分的浪费降到最低限度。

16. 提高鸭蛋白质利用率应采取哪些措施?

在实际生产中应采取有效措施,合理利用蛋白质资源,提高蛋白质利用率和饲料转化率,降低饲料成本,从而获得较好的经济效益。

一是必须维持氨基酸之间的合理比例。氨基酸是组成蛋白质的基本元素,共有 22 种。鸭机体不能合成或合成的速度和量不满足鸭需要的,而必须由饲料供给的氨基酸为必需氨基酸。鸭体内合成或可由其他氨基酸转化,不必在饲料中添加的称之为非必需氨基酸。饲粮氨基酸的数量和比例与鸭的需要相一致称为氨基酸平衡。充分发挥氨基酸的互补作用,才能有效提高蛋白质的利用率。在普遍采用的玉米-豆粕型日粮中,玉米缺少赖氨酸,但蛋氨酸相对较高,而豆粕赖氨酸含量较高,蛋氨酸则相对较少,两者搭配就可起到取长补短的互补作用。再如,花生仁饼与豆饼搭配能使赖氨酸、精氨酸互补。

二是可适当添加人工合成的必需氨基酸。例如为了维持氨基酸的适宜比例,可添加人工合成的 L-赖氨酸盐酸盐、DL-蛋氨酸,以及苏氨酸和色氨酸等。这样不仅能维持饲粮氨基酸平衡,也能在一定程度上降低蛋白质饲料的用量,降低饲料成本。

三是对一些已知的阻碍蛋白质分解的因子,应事前采取措施予以排除。例如,大豆和大豆饼中含有抗胰蛋白酶。

四是尽量避免使用某些难以被鸭消化的蛋白质饲料,如未经处理的血粉和羽毛粉,这类饲料粗蛋白质含量很高,但其消化利用率却很低,只有经过发酵、酶解、膨化等处理后,才会有较好的利用率。

五是有许多活性物质,对提高蛋白质的利用率有一定的促进作用,用得较多的有蛋白酶制剂、促生长剂、代谢调节剂以及一些

类维生素等，在有条件时可以适当选用。

六是配制饲粮时应注意各种氨基酸的拮抗作用，如赖氨酸与精氨酸、蛋氨酸与甘氨酸、苏氨酸与色氨酸、亮氨酸与异亮氨酸、缬氨酸与甘氨酸、苯丙氨酸与缬氨酸、苯丙氨酸与苏氨酸之间在代谢中都存在一定的拮抗作用。

七是能量与蛋白质的比例也对蛋白质的利用率产生影响。

17. 什么是维生素？怎样分类？

维生素是维持鸭正常生理功能所不可缺少的一组化学结构不同、营养功能和生理作用各异的低分子化合物，是维持动物生命活动与生产所必需的微量营养物质，每一种维生素都有特殊的营养、生理作用，这些作用是其他物质所不能替代的。维生素在机体内主要参与调节、控制代谢，有些维生素是一些辅酶的主要成分，缺乏维生素会产生相应的缺乏症。家禽消化道中微生物群落比家畜少，因而许多维生素都不能在体内合成，少数虽能合成但很难满足需要，必须从饲料中获得。

青绿饲料含有较多的维生素，但在工厂化笼养条件下，家禽很难采食到大量青绿饲料，因而唯有使用维生素添加剂补充其不足。家禽对维生素的需要量受家禽总需要量与机体内合成量的关系，某些营养物质的协同作用和拮抗作用，环境条件，疾病等因素的影响。

根据维生素的溶解性分为脂溶性和水溶性两大类。脂溶性维生素是指能溶解于脂肪的维生素，包括维生素 A（视黄醇）、维生素 D（主要指麦角钙化醇和胆钙化醇，即维生素 D_2 和维生素 D_3）、维生素 E（生育酚）、维生素 K。水溶性维生素则是可溶解于水的维生素，包括维生素 B_1（硫胺素）、维生素 B_2（核黄素）、维生素 B_5（泛酸）、维生素 B_6（吡哆醇）、维生素 B_{12}（钴胺素）、叶酸、生物素（维生素 H)、胆碱、烟酸(尼克酸或称维生素 B_3),以上 9 种统称为 B 族维生素以及维生素 C。

18. 脂溶性维生素有哪些生理功能及缺乏症?

(1)维生素 A 维生素 A 多以脂肪酸酯的形式存在,主要是维生素 A 乙酸酯和维生素 A 棕榈酸酯。维生素 A 能保持视觉的正常功能,对维持机体各部上皮组织的正常生理功能发挥重要作用,维护骨骼健康,促进生长发育。

缺乏维生素 A 时容易引起夜盲症、干眼病,生长缓慢,幼鸭骨骼钙化不良,生长明显受阻;甲状腺过度增生,运动失调、视力减退,出现夜盲症,上皮组织干燥和过度角质化,导致干眼病。维生素 A 缺乏引起免疫力下降,抗病力降低,从而增加感染疾病的机会。维生素 A 缺乏还可降低繁殖力,母鸭产蛋减少,孵化率降低,公鸭配种能力减弱,受精率下降。

维生素 A 主要存在于动物性饲料中,鱼肝油中最为丰富,植物性饲料中只有其前体,即胡萝卜素或称维生素 A 原,其中最具活性的是β-胡萝卜素,可在鸭体内转化成维生素 A。青绿饲料、水果皮、南瓜、胡萝卜、黄玉米中胡萝卜素含量较多。鸭体内维生素 A 的蓄积量比其他家畜少,因此在工厂化笼养条件下,应补充维生素 A 添加剂。

(2)维生素 D 维生素 D 有多种形式,但只有维生素 D_2 和维生素 D_3 具有生物学效应,尤以维生素 D_3 对各种畜禽作用更显著。维生素 D 参与钙、磷代谢的调节过程,维持血钙、血磷的正常浓度,保证骨骼的正常钙化和发育,促进小肠中钙的吸收。维生素 D_3 对各种畜禽均有相同的生理效应,活性较高;而维生素 D_2 对家禽的活性较低,仅为维生素 D_3 的 1/50～1/30。维生素 D 摄入不足时会引发佝偻病,骨质疏松症,腿骨变形,羽毛松散,成年鸭出现

产蛋率明显下降，产软壳或薄壳蛋，破蛋率高，种蛋孵化率下降，1～2 周龄内的雏鸭生长明显受阻。舍饲鸭因缺少阳光照射易引起维生素 D 缺乏，而开放或半开放式饲养和放牧的鸭，很少缺乏维生素 D。

鱼肝油含维生素 D_3 较多，经紫外线照射的青干草含有维生素 D_2。家禽皮肤下的 7-去氢胆固醇，经紫外线照射可转变成维生素 D_3，所以动物经常接受日光照射，可有效防止维生素 D 缺乏症。

值得注意的是，维生素 A 和维生素 D 添加过多，会引起中毒，发生不可逆转的骨骼畸形、瘫痪，甚至死亡。

(3)维生素 E 维生素 E 是生育酚的总称，有多种形式，具有维生素 E 活性的共 8 种，包括生育酚（α-、β-、γ-、δ-）和生育三烯酚（α-、β-、γ-、δ-），其中以 α-生育酚活性最高。是一种生物抗氧化剂、代谢调节剂，与生殖功能密切相关，能促进性腺发育，提高种鸭繁殖力。它和核酸都与蛋白质代谢和抗坏血酸合成有关。它在饲料和蛋鸭体内可以保护类胡萝卜素和维生素 A 不被氧化。它和硒都具有抗氧化作用，二者协同可以减少体内过氧化物的形成，由此可保护细胞膜，尤其是亚细胞膜的完整性，提高机体免疫力。维生素 E 还具有解毒作用，对黄曲霉素、亚硝酸盐的毒性有一定的解毒效果。

缺乏维生素 E，许多症状与硒缺乏相似，繁殖功能紊乱，肌肉萎缩，脑软化，产蛋率、受精率、孵化率下降，胚胎退化，死亡数明显增加，雏鸭发生白肌病，免疫力下降等。

小麦胚芽、青绿饲料、苜蓿粉、种子、植物油等中的维生素 E 含量较丰富，蛋白质饲料中一般缺少维生素 E。

(4)维生素 K 维生素 K 是一组化合物的总称，自然界存在的维生素 K，主要包括叶绿醌（维生素 K_1）和甲基萘醌（维生素 K_2）。人工合成的主要是维生素 K_3（2-甲基-1，4-萘醌）。其主要功能是在肝脏中催化凝血酶原的形成，与肝脏合成凝血因子有关，

从而保证血液的正常凝固。

缺乏时，出血不易凝固，即使轻度创伤也可能导致出血不止，以至死亡。母鸡缺乏维生素 K，孵出的小鸡易患出血病，但在鸭方面未见有报道。

青绿多汁饲料富含维生素 K_1，大豆和动物肝脏、蛋、鱼粉中含量也较丰富，维生素 K_2 可在家禽肠道中合成，但数量很少，吸收能力差。维生素 K_3 和维生素 K_4 由人工合成，作为维生素添加剂使用。

19. 水溶性维生素有哪些生理功能及缺乏症？

(1)维生素 B_1 又称硫胺素、抗神经炎维生素，在潮湿环境下遇热易遭破坏，在 pH≥7 的条件下迅速遭破坏。维生素 B_1 维护神经系统的正常功能。维生素 B_1 还有减少乙酰胆碱分解的功能，有利于胃肠蠕动和消化液的分泌，增强消化功能。具有抗多发性神经炎、肠胃障碍的功能。

缺乏维生素 B_1 会引发碳水化合物代谢障碍，促使氧化不彻底的丙酮酸、乳酸在组织中堆积，进而影响神经系统、心脏、胃肠和肌肉组织的正常功能。维生素 B_1 缺乏，早期出现胃肠功能障碍，食欲不振，消化不良和神经系统传导受阻，肌肉收缩不全，羽毛蓬乱等。继而产生多发性神经炎，头颈后仰、腿屈坐于地呈“观星状”。严重时出现心力衰竭，水肿，贫血腹泻，皮炎，瘫痪等症状。

维生素 B_1 在糠麸、青饲料、胚芽、草粉、豆类、发酵饲料和酵母粉中含量较多。

(2)维生素 B_2 又称核黄素，因呈橘黄色而得名，维生素 B_2 是体内黄素蛋白的重要组分，参与构成许多酶，在体内化学反应过程中，促进蛋白质、脂肪、碳水化合物的代谢。对体内氧化还原、调节细胞呼吸起重要作用，促进生长、生殖与呼吸，维护皮肤和黏膜完

整性，并可促进合成维生素 C。

缺乏维生素 B_2 时，食欲减退，生长迟缓乃至停滞，腿部瘫痪，种鸭产蛋减少，孵化率降低、胚胎畸形。

在青绿饲料，特别是多叶青饲料、干草粉中含量较多，真菌、酵母和大多数细菌均能合成。

(3)维生素 B_6 维生素 B_6 有吡哆醇、吡哆醛和吡哆胺等 3 种形式，活性相同。维生素 B_6 对光敏感，易遭破坏，特别是在中性或碱性环境下。吡哆醇在体内可转变成吡哆醛和吡哆胺，而吡哆醛和吡哆胺则可互相转变，以吡哆醛形式参与脂肪、蛋白质和碳水化合物的代谢。吡哆醛是所有转氨酶的辅酶，通过转氨作用将氨基酸、碳水化合物与脂肪代谢联系起来。

缺乏维生素 B_6 时，出现食欲下降，生长受阻，神经障碍，异常兴奋，间歇性痉挛，皮肤炎，羽毛发育不良乃至脱毛和毛囊出血。种鸭产蛋减少，孵化率降低，生殖系统萎缩。

维生素 B_6 广泛存在于饲料中，不易发生缺乏。酵母、谷物及加工副产品、植物性蛋白质饲料中含有较丰富的维生素 B_6，子实中含量中等，植物块根、块茎中含量很少。在生产中，饲喂玉米-豆粕型日粮时，不易出现维生素 B_6 缺乏症。

(4)烟酸 又称维生素 PP、抗糙皮病维生素、维生素 B_5 或尼克酸。烟酸对羽毛生长有重要作用，是多种脱氢酶的辅酶活性基成分，参与碳水化合物、脂类、蛋白质代谢，均在体内生物氧化过程中起递氢作用。畜禽机体组织中的色氨酸可转变为烟酸，并将其转化成活性的烟酰胺。所以，在氨基酸合成蛋白质的过程中，饲料中多余的色氨酸，可作为烟酸的来源。

缺乏烟酸时，鸭的症状比鸡显得更严重，鸭表现为食欲不振，生长停滞，并伴有下痢，舌和口腔黏膜发炎，呈暗红色(黑舌病)。羽毛蓬乱、稀少、缺乏光泽，出现踝关节肿大、腿部内弯现象，两腿内弯的程度因烟酸缺乏程度而异，但骨质坚实(这是区别于软骨症

的标志)，严重时不能行走，甚至瘫痪。种鸭产蛋量和孵化率下降，胚胎早期死亡增加，出壳困难，弱雏较多。

烟酸及其前体——色氨酸广泛存在于青绿饲料、谷物及其副产品、油饼类、酒糟和酵母中，但谷物类饲料及其副产品中的烟酸大部分呈结合状态，难以直接被利用。动物性饲料是烟酸的良好来源，

(5)泛酸 又称遍多酸、维生素 B_3，它是构成辅酶 A 和酰基载体蛋白的组成成分，并以乙酰辅酶 A 的形式参与碳水化合物、脂肪和氨基酸代谢。泛酸与抗体生成有关，可增强机体抵抗力。

缺乏泛酸时，受损伤的主要是神经系统、肾上腺皮质和皮肤。引发物质代谢障碍，生长缓慢，饲料利用率降低。嘴角和眼角周围结痂，皮炎，胫骨短粗，关节肿大，严重时可导致死亡。羽毛发育受阻，全身羽毛生长不良，且易脱落。种鸭产蛋量和孵化率下降，并引起胚胎皮下出血、水肿。

泛酸与维生素 B_2 的利用有关，当一种缺乏时，另一种的需要量增加。尽管饲料中泛酸分布较广，但其化学性质不稳定，易遭受热的破坏。为防缺乏，一般在饲料中添加酵母、发酵残渣、糠麸之类富含泛酸的饲料，或以其钙盐作添加剂予以补充。

泛酸分布较广，在动物肝脏、蛋黄、小麦麸、米糠、豌豆、花生饼、大豆饼、小麦、苜蓿、谷实中含量丰富，但玉米中含量较少。

(6)生物素 又名维生素 H，生物素是抗蛋白毒性因子，与蛋白质和碳水化合物的相互转变，蛋白质和碳水化合物转化为脂肪有关，参与脂肪与蛋白质代谢。

缺乏生物素时，喙、脚及眼周围发生皮炎，类似泛酸缺乏症。鸭脚底变粗糙、发红、长茧、出现裂纹并出血，趾部可能坏死和脱落，羽翼破裂，蹠骨弯曲，运动失调。种禽缺乏时，产蛋量通常不会下降，但孵化率降低。一般饲养条件下，肠道细菌合成的生物素即可满足需要，但圈养鸭，则较易出现生物素缺乏，有啄蛋癖的鸭更

易缺乏生物素，因为鸭蛋的蛋白中含有一种类蛋白质物质——抗生物素蛋白质，可与生物素结合成稳定化合物，从而使生物素失去活性不被吸收，应考虑补充生物素。

生物素广泛存在于动物肝脏、酵母、花生和大多数绿色植物中。玉米、小麦、肉和鱼中缺乏。

生物素的商品形式为D-生物素，添加剂为2%D-生物素，外观呈白色至浅褐色细粉。

(7)叶酸 又称维生素B_{11}，叶酸与维生素B_{12}共同参与核酸的代谢及核蛋白的形成。它以辅酶形式参与许多代谢反应。叶酸可维持免疫系统的正常功能。叶酸能被酸、碱、氧化剂和还原剂破坏，遇热和光易分解。

缺乏叶酸的典型症状是巨红细胞贫血，导致血小板和白细胞减少，还影响血液中白细胞的形成，血红蛋白含量降低，贫血，口腔黏膜苍白。雏鸭表现为生长受阻，羽毛发育不良、稀疏，喙畸形和胫骨弯曲，骨骼变粗变短，产生滑腱症，出现典型的颈部麻痹。胚胎死亡明显增加，当孵化至啄破气室后立即死亡。种鸭的饲料利用率降低，产蛋和孵化率均下降。

叶酸广泛分布于青绿饲料、谷实饲料、饼粕饲料、动物性饲料中。叶酸也可由肠道微生物合成，成年鸭一般不会缺乏。但在口服磺胺类或抗生素类药物时，肠道微生物的生长受到抑制，体内合成叶酸减少，可能引起叶酸缺乏，需补充叶酸添加剂。

(8)维生素B_{12} 又称钴胺素、氰钴素，维生素B_{12}参与多种代谢活动，例如嘧啶和嘌呤的合成、一些氨基酸的合成以及甲基转移等。参与蛋白质、核酸的生物合成；还能促进红细胞的发育和成熟，有助于提高造血功能。能提高饲粮中蛋白质的利用率，促进胆碱的生成。在鸭饲料中添加维生素B_{12}，可提高饲料转化率。

缺乏维生素B_{12}时，能引发贫血，食欲不振，生长发育迟缓，步态不协调和不稳定，还可产生滑腱症或类似骨粗短症，死亡率高。

羽毛生长不良，肾脏损伤，甲状腺功能降低，种蛋孵化率下降，胚胎畸形，死胚增加。饲料转化率降低。

维生素 B_{12} 不存在于植物性饲料中，只在动物性饲料中才有，其中鱼粉含量最丰富，肉骨粉、血粉和羽毛粉也较多。地面平养的鸭，可从垫草中得到部分维生素 B_{12}，生产中应使用维生素 B_{12} 添加剂，特别是网上平养的鸭。

(9)胆碱 胆碱是一种含甲基的化合物，与其他 B 族维生素不同，它是动物机体组成成分，参与卵磷脂和神经鞘磷脂的形成，还以乙酰胆碱的形式参与体内神经活动；胆碱参与肝脏的脂肪代谢，能防止发生脂肪肝；胆碱可以代替部分蛋氨酸，为蛋氨酸等提供甲基来源，与传递神经冲动和肝脏中脂肪的转运有关，为雏鸭生长所必需。

缺乏胆碱时，发生肌肉收缩障碍，消化功能下降，饲料利用率降低，种鸭产蛋率下降，雏鸭生长迟缓，踝关节周围肿大并有点状出血。肝脏中积聚大量脂肪，形成脂肪肝，且肝脏变脆，易破裂出血，引起突然死亡；也可引发滑腱症，胫骨短粗。

鸭对胆碱的需要量比其他任何维生素都大。饲料中的胆碱主要以卵磷脂的形式存在，胆碱的需要量与生长期和体内合成量有关。体内合成胆碱的数量和速度与饲粮中含硫氨基酸、甜菜碱、叶酸、维生素 B_{12} 以及脂肪的水平有关。

一般饲料中富含胆碱。常用蛋白质饲料、青绿饲料原料中都富含胆碱。

20. 水溶性维生素C有哪些生理功能及缺乏症？

维生素 C 又称抗坏血酸。主要参与细胞间质的生成及体内的氧化还原反应，刺激肾上腺皮质激素和胶原蛋白质的合成。在生物氧化过程中起传递氢和电子的作用，还可保护细胞膜和其他

易氧化物质不被氧化;促使机体内的三价铁还原为二价铁,促进铁离子的吸收和输送,促进血浆铁和蛋白的结合。具有解毒功能,在肝脏中可以缓解铅、砷、苯等重金属和一些细菌所产毒素的毒性,阻止致癌物质亚硝基胺在机体内形成。可促进叶酸变为具有活性的四氢叶酸,并刺激肾上腺皮质类固醇的合成。参与骨胶原的合成。促使抗体形成,增强白细胞的噬菌能力,提高机体的免疫能力和抗应激功能。维生素C还可减轻其他维生素缺乏产生的病症,且是很好的抗应激剂,受应激的鸭,添加维生素C对其生长、产蛋、蛋壳强度、受精率等都有好处。

维生素C缺乏时,凝血时间延长,毛细血管易破裂,可引起皮下、肌肉、肠道黏膜出血,发生“坏血症”和血浆蛋白降低,贫血。还可导致食欲不振,生长停滞,体重下降,羽毛缺乏光泽,抵抗力下降,行动迟缓,关节变软。皮下及关节出现弥漫性出血,抗应激能力下降。种鸭产蛋减少,蛋壳变薄。

疾病可影响维生素C的代谢,感染伤寒和肠道球虫病的雏鸭,血浆维生素C浓度降低,添加维生素C可以预防和治疗疾病。

禽类可在肝脏、肾脏、肾上腺和肠中合成维生素C,合成的数量和速度基本上能满足需要,因此在生产中可不补充。但在夏季高温或运输等逆境因素下,机体合成维生素C的能力减弱,此时需补充维生素C,以提高鸭抗应激的能力。

21. 什么是矿物质?

矿物质是指一些金属或非金属元素,它们在饲料中以有机盐或无机盐的形式存在。矿物质在鸭体内占其活重的3%～4%,主要存在于骨骼、组织和器官中。有维持体液平衡、调节渗透压、保持酸碱平衡和激活酶系统等功能,同时又是多种酶、骨骼、血红蛋白、甲状腺激素及蛋壳的重要成分,对肌肉和神经的敏感性有重要

影响，与多种维生素相互之间存在着协同和拮抗作用，鸭蛋中的矿物质占10%～11%。

在鸭体内具有代谢作用的矿物元素称为必需矿物元素，有16种，人们把占鸭体重50毫克/千克以上，鸭需要量较大的元素称为必需常量元素，如钙、磷、氯、钠、镁、硫、钾等7种。占动物体重50毫克/千克以下，需要量较少的元素称为必需微量元素，如铁、铜、锌、锰、碘、硒、钴，近年又将氟、硅、钒、锡、砷和镍列入必需微量元素。

22. 常量元素有哪些生理功能及缺乏症？

(1)钙　钙是矿物质中需要量最多的一种，是构成动物骨骼和蛋壳的主要成分，血清、淋巴液及软组织都含有钙。与钠、钾一起保持酸碱平衡和维持正常的心脏功能，以及凝血均发挥重要作用。肌肉中的钙离子与肌纤维收缩有关，还对中枢和外周神经系统的活性有调节作用。

缺钙时，雏鸭易患软骨病；种鸭和蛋鸭则骨质疏松，甚至瘫痪，产薄壳或软壳蛋，且产蛋率下降。如果继续缺钙，骨骼中的磷酸钙就会被消耗，引起腿骨变软，出现瘫痪。

鸭对过量钙的耐受性较差，饲粮中钙过多时，鸭会出现肾脏肿大，输尿管有尿酸钙沉积和造成死亡。钙过多也会影响雏鸭生长，并阻碍锰、锌的吸收。

饲粮中钙的含量应是，北京雏鸭0.65%，生长鸭0.60%，产蛋鸭2.75%。老龄鸭对钙的吸收能力较弱，需供给较多的钙。饲粮中钙供应量受代谢能水平的影响，饲粮代谢能高时，钙供应量高，反之应减少。

在一般谷物中含量很少，必须在饲料中补充。钙主要存在于石灰石、贝壳、蛋壳和骨粉中。

单纯补充钙以颗粒状形式添加到饲粮中，会延长在胃内停留的时间，利于逐渐吸收，从而形成致密的蛋壳。一般颗粒状形式添加的钙占到50%～70%，可有效改善蛋壳质量。

(2)磷 磷主要以与钙结合的形式存在于骨骼中，参与所有营养物质的代谢过程，在能量储存、释放及转换中起着重要作用，也与核酸合成有关。磷能促进骨骼形成，并参与所有的活细胞重要成分的组成和维持机体的酸碱平衡。

缺磷时，鸭生长缓慢，食欲不振，发生软骨症、异食癖，严重时关节僵化，骨质松脆，产蛋下降。

磷的含量及需要量通常有总磷和有效磷两种表示方式，总磷指饲料中磷的总量，但总量很难反映鸭的生物学效应，因磷在植物性饲料中60%～75%以植酸磷的形式存在，不能被鸭利用，能被畜禽利用的磷称为有效磷，配制饲粮时，依据饲料成分表中有效磷的含量确定添加量。

适合的钙、磷比例可促进其吸收代谢。除产蛋鸭外，雏鸭、生长鸭和育成鸭饲粮中钙和有效磷的比例为2～2.5∶1。

磷的主要来源是无机盐、糠麸、饼粕、鱼粉、骨粉。在饲料中添加植酸酶可以提高磷的利用率，同时还可降低饲料成本。

(3)氯和钠 通常氯和钠以食盐的形式添加于饲粮中。这两种元素是禽体内水分代谢和机体组织更新不可缺少的物质，具有调节体液渗透压、体液容积和酸碱平衡，促进食欲等功能。氯参与胃酸形成，保证胃蛋白酶所需要的酸碱度。

食盐不足，则鸭食欲不振，消化不良，生长发育迟缓，性功能衰退，产蛋减少，繁殖力下降，并引发啄肛、啄羽、异食癖等缺乏症，鸭对缺钠日粮的反应尤为明显。

食盐过多会引起中毒，大量饮水导致水肿，肌肉无力，站立困难，痉挛甚至死亡。如果长时间使用含盐量较高的饲料，鸭羽毛易被水浸湿，上岸后羽毛不易干燥。饲粮中过多的氯离子，可引起快

速生长的肉鸭发生腿病。为防止饲粮中氯离子过多，保证钠离子的供应，以总需要量的 1/3 供给碳酸氢钠，其余 2/3 的钠离子由食盐提供。

鱼粉、肉骨粉和酱渣中含食盐较多，因而配制饲粮时应将其中的盐分计算进去。

在常规饲料中，钠和氯的含量均较低，不能满足鸭的生长和产蛋需要，可通过补充食盐来满足。一般情况下，鸭配合料中食盐的用量不超过 0.37%。

(4)钾 钾主要存在于细胞内液中，红细胞内含量最大，是维持细胞内渗透压的主要离子，具有维持酸碱平衡的作用，并保持细胞容积，参与糖和蛋白质代谢。对神经和肌肉的兴奋以及细胞分裂有特殊作用。除玉米外，其他饲料中均含有较多的钾，鸭极少出现钾缺乏症，但当鸭发生腹泻大量脱水时，会导致体内电解质发生紊乱，出现缺钾。在饮水中添加钾盐，可以补钾。氯化钾和磷酸氢二钾是常用钾盐添加剂。

(5)镁 镁是细胞内液的主要阳离子，是机体内多种酶的激活剂。镁是骨骼及其他软组织的构成成分，可加强骨的形成，改善蛋壳品质。镁还具有维持肌肉及神经组织正常功能的作用。

家禽饲料中含有足够的镁，一般不会缺乏，相对而言，鸭对镁的需要量较鸡高。缺乏时可引起母鸭产蛋量、孵化率以及蛋中镁的含量下降。若饲粮中镁含量超过 1%时，幼鸭生长缓慢，母鸭产蛋减少，蛋壳变薄。

可用硫酸镁、碳酸镁、氧化镁等补充镁的不足。

(6)硫 硫是蛋氨酸、胱氨酸和半胱氨酸等含硫氨基酸的重要组成成分，也是硫胺素、生物素等的组成成分。硫的主要功能是以含硫氨基酸形式，与其他氨基酸共同合成体蛋白和羽毛，硫也参与碳水化合物代谢。

鸭长期缺硫会发生掉毛、啄羽，严重时可造成被啄的鸭出血死

亡，食欲不振，并影响蛋和羽毛的形成。

各种蛋白质饲料是硫的重要来源。饲粮中添加一定量的无机硫酸盐，能减少鸭对含硫氨基酸的需要量，且有利于合成生命活动所必需的牛磺酸，从而促进雏鸭生长。

常用硫酸钠、硫酸钙(即生石膏)等补充鸭饲粮中硫的不足。

23. 微量元素有哪些生理功能及缺乏症?

(1)铁 铁参与血红蛋白的形成，是各种氧化酶的组成物质，与血液中氧的输入和细胞生物的氧化过程有关。

铁缺乏时鸭发生营养性贫血，羽毛色素形成不良；摄入过多的铁可导致食欲下降，体重减轻，并影响磷的吸收。

常用饲料中铁含量较多，尤以谷实类、豆类、鱼粉中丰富，一般情况下可满足家禽对铁的需要。用于补充铁的化合物有硫酸亚铁、氯化铁和硫酸铁。

(2)铜 铜是酪氨酸酶的组成成分，参与多种酶的活动，能促进铁的吸收和血红蛋白的形成。

铜缺乏时也会引发贫血，骨骼出现异常、骨质疏松，生长受阻，肠胃功能发生障碍，主动脉破裂，解剖时可发现主动脉瘤。持续严重缺铜，产蛋量及蛋的孵化率下降。摄入过量的铜也可阻碍幼鸭的生长发育，严重时引发溶血症。

一般饲料中不易缺乏。在谷类、豆类中铜的含量低，需另补充，常以硫酸铜、氧化铜、碳酸铜、硝酸铜等补充铜的不足。

(3)钴 钴是合成维生素 B_{12} 的必需原料，钴能激活多种酶，从而影响氮、核酸、碳水化合物和矿物质的代谢。参与机体的造血过程。

钴含量不足，可使体内维生素 B_{12} 的合成受阻，食欲减退，体重下降，生长迟缓，并发生恶性贫血、骨短粗症，肝与血液中维生素

B_{12}急剧下降,肝脏脂肪变性。

硫酸钴、氯化钴可补充钴的不足,也可以维生素 B_{12} 的形式补充。

(4)锰 锰是多种金属酶的组成成分,是多种酶的激活剂。与碳水化合物、蛋白质、脂肪、胆固醇、钙和磷代谢都有密切关系。具有影响鸭生长、繁殖和血液形成,维持大脑和内分泌器官的功能,对骨骼的生长发育也十分重要,是防止脱腱症必需的微量元素。

缺乏锰时,骨骼发育不全,骨粗短、关节肿大、畸形,生长停滞,易产生脱腱症。雏鸭出现类似维生素 B_1 缺乏症的神经症状,姿势呈"观星"状;种禽产蛋率下降,孵化率降低,蛋壳强度下降,产薄壳蛋和软壳蛋。锰供给过量影响钙、磷的利用,并出现贫血。

家禽饲料中以米糠、麦麸、豆类、胚芽、苜蓿粉含锰较多,动物性饲料含锰极少。饲粮中缺乏时可用硫酸锰、碳酸锰、氧化锰、二氧化锰等补充。

(5)锌 锌是机体内多种酶的组成成分,或是这些酶发挥作用的必需因素,参与体内各种物质及能量代谢。锌有助于锰和铜的吸收,影响骨骼、羽毛的生长发育。

雏鸭缺锌时采食量减少,生长迟缓,羽毛稀少,羽的末端部分被磨损。鸭的腿骨粗短,关节大而硬,皮肤呈鳞片状,伴有皮炎。种禽缺锌时,蛋壳变薄,软壳蛋增多,产蛋率、受精率和孵化率都下降,胚胎的正常生长发育受影响,如,胚胎畸形,死胚增加,骨骼发育不良,短肢、脊椎弯曲、缺少脚趾,严重时没有下喙或翅膀、眼睛,羽毛生长停止或呈鬈曲状等。

锌主要来源于动物性饲料、酵母、糠麸、饼粕类等饲料中。一般饲粮中较易缺乏,而且鸭对锌的需要量要比鸡高一些。可用硫酸锌、氧化锌等补充锌的不足。

(6)碘 碘是甲状腺素的主要组成成分,具有激素活性,是酶的活性元素,能维持甲状腺的正常功能。

碘缺乏时，导致甲状腺分泌受限，甲状腺肿大，基础代谢率降低，生长显著减慢，体重下降，胚胎后期发生死亡，产生甲状腺肿，出壳时间推后，孵化率低。

碘的主要来源是植物性饲料，海产品含碘特别丰富，长期贮存的饲料易丢失，可用碘酸钾、碘化钾或碘酸钙作碘的补充剂，碘酸钾较碘化钾更稳定。

(7)硒 硒存在于机体所有细胞和组织中。硒是家禽维持生长和繁殖所必需的元素，与维生素 E 具有相似的抗氧化作用，它是谷胱甘肽过氧化酶的重要成分，在催化机体内过氧化物分解中起重要作用，是蛋氨酸转化为半胱氨酸所必需的元素，能保护胰腺的健全和正常功能。硒对体内碘的重复利用十分必要，硒与维生素 E 相互协调，有防治肌肉萎缩与渗出性素质病以及提高种蛋受精率和孵化率等作用。硒属有毒营养元素，需要量与中毒量之间的距离很小，饲喂时必须充分搅拌均匀，以防搅拌不匀导致中毒。

硒是鸭最容易缺乏的微量元素之一，硒有地区性缺乏，我国东北和西北等部分地区土壤中缺硒，因而产出的饲料也缺硒。硒缺乏时可致血管通透性差，积聚血样液体，心脏扩大，心包积液，皮下水肿，皮下及肌肉出血，严重时可致白肌病或脑软化症。硒添加量超过 5 毫克/千克时，可引起中毒，孵化率下降，胚胎畸形，成年鸭性成熟延后，胚胎畸形，鸭生长受阻，羽毛蓬松，神经过敏。

可用亚硒酸钠、硒酸钠等硒盐补充，也可添加一些富含碘的海洋植物饲料。

24. 水是营养物质吗？主要营养功能是什么？

水是鸭必需的营养物质之一，但在生产实践中常易被饲养者忽视。水是鸭体及鸭产品的主要组成成分。鸭体内含水量，初生雏约 75%，50 日龄降至 65%，成年后机体含水量 48%～55%，鸭

蛋含水量约74%。鸭体内各种生化反应,物质的合成与分解都离不开水。鸭因缺水造成的后果比缺饲料严重得多。

水是一种溶剂,是构成体液的主要成分,是鸭生理活动的物质基础,参与鸭生理活动的全过程。水在胃肠道中促进半固体状食糜的转运,也是血液、体液、细胞及分泌物、排泄物等的载体。体内各种营养物质的吸收、转运和代谢废物的排出都离不开水;调节体温恒定也离不开水的作用;水参与维持体内酸碱平衡和渗透压,保持活细胞的正常状态;水是一种润滑剂,具有润滑组织器官等的重要功能,可以减少关节和器官间的摩擦力,起到润滑作用;浸软和润滑饲料,使之容易吞咽;水还有维持鸭体正常形态的功能;蛋鸭失去全部脂肪和1/2的体蛋白仍能生存,但失去10%的水便会死亡。在蛋白质胶体中的水,直接参与构成活的细胞与组织。

鸭获得水的主要途径主要是饮水,而饮水的多少则与鸭的生理状态、生产用途、生产水平、饲粮构成成分、环境温度等有关,一般在采食后都要饮水;第二,饲料中的水分也是水的主要来源,特别是幼嫩青绿多汁饲料,水分高达90%以上,配合饲料含水量10%～14%;第三条途径就是鸭代谢水或称氧化水,这部分水占需要量的5%～10%。

鸭与其他家禽相比,有频繁饮水的习惯,采食时也需要借助水来进行吞咽。鸭如饮水不足,会导致食欲下降,抗病力减弱,对饲料的消化率和吸收率降低,肉鸭生长减缓,蛋鸭产蛋量下降;严重缺水时可导致血液浓稠,体温升高,生长受阻,产蛋大幅下降,甚至死亡,高温缺水比低温缺水后果更为严重。雏鸭饮水不足会造成机体失水,导致死亡。

鸭的需水量随气温、季节、年龄、生产用途、饲料种类、饲养方式、采食量、产蛋率和健康状况等因素的变化而有所不同。气温适宜时,饮水量随采食量增加而上升,饮水量为饲料量的2倍左右。天气炎热时,饮水频率和量均增加,大约是食入饲料的4～5倍。

放养条件下，如不能及时饮水则会导致生产下降。因此，在生产中必须供给足量的清洁、新鲜饮水。

25. 主要营养素在鸭营养中存在哪些相互关系?

(1)能量与蛋白质、氨基酸的关系 前已述及，饲粮中的能量和蛋白质应保持恰当的比例，比例不当就会降低营养物质的利用率，甚至发生营养障碍。因此，应首先确定适宜的能量水平，然后确定蛋白质及其他营养物质的供应量，使饲粮的能量及蛋白质保持合理的比例。

饲粮中氨基酸的种类及含量对能量利用率有明显影响。例如，饲粮中缺乏苏氨酸、亮氨酸和缬氨酸时，能量代谢水平就会下降。反之，当氨基酸供给量超过实际需要时，也会降低代谢能水平。研究表明，家禽对氨基酸的需要量随能量浓度的提高而增加，保持氨基酸与能量的适当比例可有效提高饲料利用效率。

(2)能量与碳水化合物、脂肪的关系

①能量与粗纤维 饲粮中粗纤维含量高会降低其他有机物质的消化率和饲粮消化能值，但是饲粮中粗纤维过低会影响肠胃蠕动，减少消化液的分泌，降低饲料消化率。饲粮有机物质的消化率和粗纤维水平间通常呈负相关。适量的粗纤维对鸭是必要的，它不仅能刺激肠胃蠕动，促进消化液分泌，还可提高饲料消化率。

②能量与脂肪 脂肪作为能源的利用效率高于其他有机物，饲粮中添加脂肪可增加动物的有效能摄入量，提高饲料和能量转化效率。饲粮中每增加1%的脂肪，代谢能的随意采食量增加0.2%～0.6%，这在高温环境下有利于提高动物的生产性能。当动物处于免疫应激状态时，脂肪作为能源不如碳水化合物好。

(3)蛋白质、碳水化合物及脂肪的相互关系 蛋白质、碳水化合物和脂肪在机体代谢过程中可以相互转化，但这些转化受一些因素的制约，脂肪、碳水化合物转变为蛋白质时，必须有氨基来源，并且只转化为非必需氨基酸。例如，蛋白质可在家禽体内转化成碳水化合物。蛋白质中的各种氨基酸除亮氨酸外，都可以通过脱氨基作用生成 α-酮酸，然后合成糖；又如，糖在代谢过程中可生成 α-酮酸，然后经转氨基作用，转化成非必需氨基酸；组成蛋白质的各种氨基酸，均可在动物体内转化成脂肪；生酮氨基酸可以转化为脂肪，生糖氨基酸也可先转化为糖，然后转化成脂肪；脂肪的甘油部分可转化为碳水化合物或非必需氨基酸；除了必需脂肪酸由饲料提供外，鸭机体中的多数脂肪都可以由碳水化合物转化而来。

当饲粮中碳水化合物或脂肪能完全满足鸭对能量需要时，就能避免或减少蛋白质分解供能，有利于机体的氮平衡，增加氮的储留量。所以，碳水化合物或脂肪对蛋白质具有"庇护作用"。

(4)氨基酸的协同与拮抗 氨基酸之间存在着协同与拮抗关系。一些氨基酸存在着相互转化与代替的协同关系，如蛋氨酸脱甲基后可转化为胱氨酸和半胱氨酸，半胱氨酸和胱氨酸间则可以互变，但蛋氨酸本身的需要量只能由蛋氨酸满足。酪氨酸不足时，可由苯丙氨酸来补充，而酪氨酸却不能转化为苯丙氨酸，但酪氨酸不能代替饲粮中的全部苯丙氨酸。在吡哆素的作用下丝氨酸和甘氨酸可互相转化。在考虑必需氨基酸的供应时，可将蛋氨酸与胱氨酸、苯丙氨酸与酪氨酸合并计算。

氨基酸之间存在拮抗作用，这种拮抗作用发生在结构相似的氨基酸间，因为它们在吸收过程中共用同一转移系统，存在相互竞争。赖氨酸和精氨酸存在最典型的拮抗作用。当饲粮中赖氨酸过量时精氨酸的需要量会增加，此时，添加精氨酸则能缓解由于赖氨酸过量所引起的失衡现象。亮氨酸与异亮氨酸、缬氨酸与甘氨酸、苯丙氨酸与缬氨酸、苯丙氨酸与苏氨酸之间也存在一定的拮抗作用。

26. 主要有机营养素与矿物质间有何相互关系?

(1)有机物质与钙、磷的关系 饲粮中蛋白质、氨基酸含量高时,可促进钙、磷吸收;肠胃的酸性环境是促进钙、磷吸收的必要条件,而饲粮中的葡萄糖和果糖却是造成肠胃的酸性环境的重要物质;高脂肪含量的饲粮不利于钙的吸收。

(2)蛋白质、氨基酸与矿物元素之间的关系 氨基酸与微量元素构成的氨基酸螯合物,生物学效价较高,这种形态的微量元素易被家禽吸收,因此饲粮中氨基酸含量高时,可促进矿物元素的吸收;饲粮中缺少含硫氨基酸会导致家禽硒的需要量增加,若在饲粮中增加含硫氨基酸的供给量,则可减轻缺硒的症状。硒也影响含硫氨基酸的代谢,硒在蛋氨酸转变为半胱氨酸的生化过程中发挥重要作用;饲粮中蛋白质和某些氨基酸,特别是赖氨酸含量高时,可促进钙、磷的吸收。有资料显示,当赖氨酸供给量只达到正常需要量的85%时,钙的吸收率就从71.32%下降至54.33%,磷的吸收率也从57.8%下降到38.6%;半胱氨酸具有促进铁吸收的功能,全价蛋白质有利于铁的吸收;蛋白质组成成分中的硫、磷、铁等元素,直接参与蛋白质代谢;锌参与细胞分裂以及蛋白质的合成过程,补锌有利于蛋白质的合成。在有半胱氨酸和组氨酸存在时,锌在肠道中的吸收增加。若在雏鸡的锌含量不足的大豆饲粮中添加半胱氨酸和组氨酸,可减少缺锌症的发生。苏氨酸、赖氨酸、色氨酸和蛋氨酸等都具有促进锌吸收的作用,但效果甚微。

(3)锌与碳水化合物、脂肪的代谢 锌能增加血糖量和肝糖原的合成。锌在家禽体内能促进体内脂肪的氧化分解,在饲粮中增加锌的供给,能降低肌肉和肝脏中脂肪的含量。

27. 主要有机营养素与维生素间有何相互关系?

(1)蛋白质、氨基酸与维生素的关系 饲粮中维生素 A 缺乏时,蛋氨酸在机体组织蛋白质中的沉积量减少;饲粮中蛋白质供给不足时,可影响维生素 A 载体蛋白质的形成,使维生素 A 的利用率降低;蛋白质的生物学价值对维生素 A 的利用和储存有一定影响,例如在禾本科子实饲料中加入生物学价值高的动物性蛋白质,可提高肝脏中维生素 A 的储备。生物学价值低时,维生素 A 的利用率下降。

维生素 D 的需要量与所供应的蛋白质品质有关。当饲喂未经热处理的大豆蛋白质时,可使雏鸡维生素 D 的需要量提高 10 倍;维生素 D_3 的代谢物 1,25-二羟基胆钙化醇,可以促进信息核糖核酸的生物合成,并在小肠黏膜中促使转移钙的蛋白质的合成,有利于钙的吸收。

核黄素是黄素酶的组成成分,黄素酶参与氨基酸代谢,核黄素缺乏时会影响蛋白质的存积,同样,蛋白质的摄入量会影响核黄素需要量;饲喂高脂肪饲粮时,应增加核黄素的供给量。

吡哆醇参与氨基酸的代谢,饲粮中吡哆醇不足,会降低各种氨基转移酶的活性,导致氨基酸合成蛋白质的效率降低。吡哆醇不足时,家禽对色氨酸的需要量增加。

(2)碳水化合物、脂肪与维生素之间的关系 维生素 A 参与碳水化合物和某些脂类的代谢;维生素 E 可使不饱和脂肪酸免受氧化破坏;当缺乏硫胺素时,糖代谢的中间产物丙酮酸在血液和组织中积聚,可引起心脏和神经功能紊乱;核黄素均参与碳水化合物、脂肪与蛋白质等有机物的分解。饲喂高脂肪饲粮时,应增加核黄素的供给量;泛酸是辅酶 A 的组成成分,参与碳水化合物和脂肪的代谢;烟酸为辅酶Ⅰ、辅酶Ⅱ的成分,参与碳水化合物、脂肪及

氨基酸代谢。胆碱不足可干扰脂肪代谢；维生素 B_{12} 对蛋氨酸和核酸代谢有重要作用，维生素 B_{12} 参与蛋氨酸的合成，还能提高植物性蛋白质的利用率。

28. 各种矿物质之间有何相互关系？

(1)常量元素与微量元素 钙与磷之间必须保持适宜的比例，任何一种元素过量都会影响另一种元素的吸收。适量的锰可增强骨骼中磷酸酶的活性，促进钙、磷的吸收，但锰过多反而抑制钙、磷的利用，钙过多阻碍锰的吸收；钙与锌之间存在拮抗作用，钙供应过量可引起锌的缺乏。磷含量增加会降低锌的吸收，若钙、磷都过量，更加降低锌的有效性；钙、磷过多，影响镁的吸收；饲粮中含铁量高时可减少磷在胃肠道内的吸收，含铁量超过 0.5%时，缺磷现象较明显；铜的利用与饲粮中钙量有关，铜可促进钙、磷在软骨基上的沉积，含钙越高，对动物体内铜的平衡越不利。镁过多则影响钙的吸收和沉积。

食盐与钙、钾之间存在拮抗关系，增加饲粮中钙和钾的含量可防止食盐中毒。

(2)微量元素之间的相互关系 血红蛋白中含有铁元素，铜可促进铁合成血红蛋白，钴以维生素 B_{12} 形式参与造血。饲粮中铜不足时可降低铁的吸收，钴缺乏时血红素的合成受阻，同样可导致贫血；锰含量高时可引起体内铁储备下降；铁的利用中必须有铜的存在，饲粮中铁过高会降低铜的吸收；钼摄入过量，可增加尿铜的排出量；锌和镉可干扰铜的吸收，当饲粮中锌、镉含量过高时，动物体内血浆含铜量会降低，高锌能抑制铁的代谢，而铜不足则能引起过量锌的中毒；镉是锌的拮抗物，饲粮中若含有氯化镉可降低锌的吸收。铜和镉可降低硒对家禽的毒性。由于钴能代替羧基肽酶中的全部锌和碱性磷酸酶中部分锌，因而在饲粮中补充钴能防止锌缺

乏所造成的机体损害。硒与砷存在拮抗作用,砷能抑制硒在肠道中的吸收。缺硒可加重碘的缺乏症。

29. 各种维生素之间有何相互关系?

(1)维生素E与维生素A、维生素D的关系 维生素E有利于维生素A和胡萝卜素的吸收以及在肝脏中的储存,并具有保护作用,在肠道内可使维生素A和D免遭氧化破坏。维生素E对胡萝卜素转化为维生素A具有促进作用。

(2)硫胺素、核黄素、吡哆素、烟酸间的关系 缺乏核黄素时,体组织中硫胺素量下降,但不影响尿中排出量。硫胺素缺乏,影响核黄素的利用,可导致核黄素大量随尿排出。核黄素和烟酸同是生物氧化中辅酶的成分,具有协同功效,核黄素不足可导致烟酸缺乏。硫胺素、核黄素和吡哆素参与色氨酸合成烟酸的过程。

(3)维生素B_{12}与泛酸、胆碱、叶酸、吡哆醇间的关系 维生素B_{12}不足,可引发泛酸需要量的增加。泛酸缺少,加重维生素B_{12}缺乏的症状。而维生素B_{12}能提高叶酸利用率,还能促进胆碱的合成。维生素B_{12}不足,色氨酸形成尼克酸过程受阻,出现尼克酸缺乏症。吡哆醇不足,可降低维生素B_{12}的吸收并增加B_{12}在粪中的排出量。

(4)维生素C与其他维生素间的关系 维生素C能减缓维生素A、维生素E、硫胺素、核黄素、维生素B_{12}及泛酸缺乏症的出现;能增加硫胺素在体内的储存;叶酸和生物素可以促进维生素C的合成;机体内维生素A和维生素E不足,可降低维生素C的合成。叶酸和生物素可以促进维生素C的合成。

30. 维生素与矿物质之间有何相互关系?

维生素 D 能促进钙、磷的吸收及在骨组织的沉积,对维持鸭体内钙、磷平衡发挥重要作用;维生素 E 与硒具有协同作用,缺乏症也相似。在一定条件下,维生素 E 可代替部分硒,但硒不能代替维生素 E。在生产上,维生素 E 和硒常常一起补充;锌能更有效地在家禽体内促进胡萝卜素转化为维生素 A,因高水平的锌可增强酯酶活性而促进维生素 A 的吸收;维生素 C 能促进肠道内铁的吸收,对缺铁性贫血有一定治疗作用;维生素 C 能消除饲粮中过量铜造成的不良影响,但铜盐有促进维生素 C 氧化的作用;饲粮中锰不足,可妨碍烟酸的吸收利用。

三、配合饲料生产技术

1. 饲粮和日粮有什么区别?

日粮是指一昼夜一只鸭采食各种营养物质所提供的各种饲料总量称为日粮。当日粮中各种营养物质的种类、数量和比例能充分满足鸭的营养需要时,则称为平衡日粮或全价日粮,这种平衡或全价,在实际生产中是相对的。在饲养实践中不可能对每只鸭单独配制日粮,通常都是把日粮中各种原料的重量换算成百分含量,并按这一百分含量配制成能满足一群鸭的营养需要的大批量配合饲料,然后按日分次喂给。这种按日粮原料百分比配制的配合饲料称为饲粮。饲粮和日粮的区别在于日粮是按每只鸭每日所需各种营养物质的数量配制而成。在生产中人们所说的日粮实际上指的是饲粮。当然,生产日粮和饲粮的配方是一样的,所以日粮和饲粮所发挥的营养作用,其实质是一样的。

2. 什么是配合饲料?

配合饲料是根据鸭的生长、生产对各种营养物质的需要量,按照饲粮配制原则,经过科学分析和缜密计算而获得饲料配方,据此配方将各种能量饲料、蛋白质饲料、矿物质饲料、饲料添加剂经过除杂、粉碎、计量、配伍、混匀、制粒等工艺加工制成的均匀混合物。

配合饲料具有普通饲料无法比拟的优越性,其营养价值高,更符合鸭的生理特性,能满足不同品种、不同生产目的、不同生产水

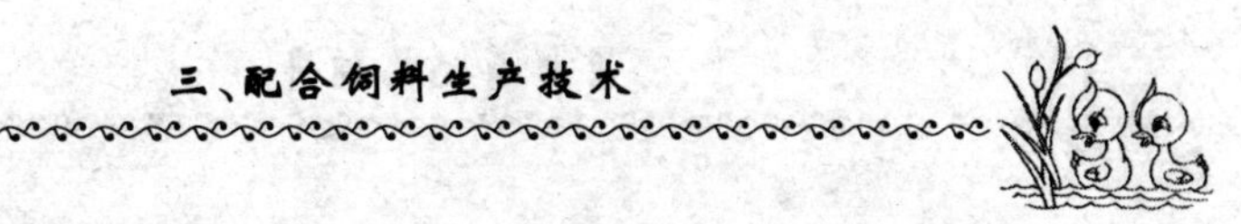

平和不同发育阶段鸭的营养需要，能充分发挥鸭的生产潜力，从而获得最佳经济效益；可以更合理利用各地饲料资源，由于广泛应用了多种微量营养物质，能有效地防止各种缺乏症的发生，充分保证了鸭的健康；微量营养物质在配合饲料中发挥了平衡各种营养素的作用，大大提高了饲料利用率和饲料报酬；配合饲料一般都有专门的包装，便于贮存和运输。配合饲料更适合规模化养殖，在我国推广 30 年的实践证明，它是提高畜牧业生产水平必不可少的重要物质基础。

3. 鸭配合饲料怎么分类？

配合饲料可根据其营养成分、用途、饲料的物理形态或饲养对象分为若干类。鸭用配合饲料中有种鸭配合饲料、生长期鸭配合饲料、肥育期鸭配合饲料、育雏期鸭配合饲料等；按营养成分又可细分为全价配合饲料、浓缩饲料、添加剂预混饲料等。

(1)配合饲料 又称全饲粮配合饲料，其营养全面，不需要添加其他营养物质即能满足鸭生长、繁殖及生产的需要，可直接饲喂鸭，配合饲料是饲料工业的最终产品。目前，国内配合饲料有初级和全价配合饲料之分，初级配合饲料仅考虑了能量、蛋白质、钙、磷、食盐等几种主要营养物质，全价配合饲料则增加了氨基酸、维生素、微量元素等微量营养物质的供给，其营养价值更完整，能全面满足鸭的营养需要，饲养效果显著。

(2)浓缩饲料 又称蛋白质补充料。浓缩饲料是指全价饲料中除能量饲料外的其他类饲料，属饲料工业的中间产品。它主要由蛋白质饲料、常量矿物质饲料（钙、磷、食盐）和添加剂预混料 3 部分组成。由于这些成分养殖户多不能自己生产或不易获得，需要购买，农户只需混合能量饲料即可，而能量饲料的获得较易。浓缩饲料添加量为 30%左右，减少了购买量和运输量，在具有一定专业知识和养殖经验的中小养殖户中颇受欢迎，不可直接饲喂鸭。

(3)添加剂预混料 指由一种或多种具有生物活性的微量营养物质（如各种维生素、微量元素、氨基酸）和非营养性添加剂为主要成分，再按一定比例与载体和稀释剂充分混合制成，目的是有利于微量的原料均匀分散于大量的配合饲料中，减少各种活性物质相互间的接触机会，降低贮存期内活性物质的损失。添加剂预混料不宜直接饲喂鸭，必须添加到配合饲料或浓缩饲料中使用，经几级稀释后与其他饲料充分混合后，形成全价配合饲料或浓缩饲料。添加剂预混料加工工艺要求高，一般养殖户难以做到，最好是向具有一定规模的正规生产厂家购买。

一般添加剂预混料在配合饲料中的比例为1%～5%，若小于1%，可用稀释剂（如脱脂米糠粉）将微量物质逐步稀释，扩大它的容积，可保证微量组分在全价配合饲料中均匀分布。

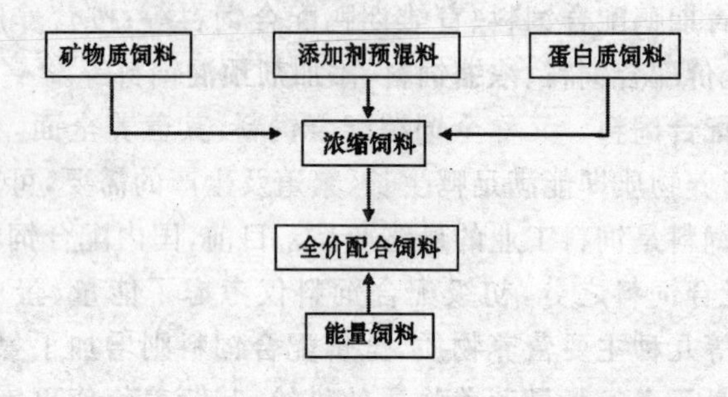

图 3-1 添加剂预混料、浓缩饲料、配合饲料间的关系示意

4. 预混料如何按组成分类？

根据预混料中组成物质的种类和浓度可分为高浓度单项预混料、微量元素预混料、维生素预混料、复合预混料4种。

(1)单项预混饲料 它是由单一添加剂原料与载体或稀释剂

配制而成的匀质混合物,通常称为预混剂,多由原料生产厂家直接生产。

(2)微量元素预混料　根据鸭对各种微量元素的需要量,由两种或两种以上饲料级微量元素与载体或稀释剂,按一定比例配制的均匀混合物,各种微量元素盐的含量约占50%以上,载体或稀释剂及少量的稳定剂、防霉剂、抗结块剂等占50%以下。

目前国内生产的微量元素预混料浓度较低,并常含有常量元素,在配合饲料中的添加量一般为0.5%～2%。

(3)维生素预混料　根据鸭的需要,由两种或两种以上饲料级维生素与载体和(或)稀释剂,以及抗氧化剂等按一定比例,配制成不同浓度的均匀混合物。由于氯化胆碱对一些维生素有破坏作用,在维生素预混料中一般不添加氯化胆碱。

(4)复合预混料　由饲料级矿物质元素、维生素、氨基酸及非营养性添加剂等任何两类或两类以上饲料添加剂与载体或稀释剂,依照鸭的营养需要,按一定比例配制的均匀混合物。一般在饲粮中的添加量为1%～5%。由于维生素易遭破坏,在生产复合预混料时,对易遭破坏的维生素应适当多添加。

5. 配合饲料如何按物理形态分类?

(1)粉状饲料　粉状饲料的粒度直径约在2.5毫米以上。粉状饲料的生产设备和工艺流程较简单,耗电少,加工成本低,但饲喂时鸭易挑食而造成浪费;在运输过程中容易产生二次分级现象,造成配合饲料新的不均匀,进而影响配合饲料质量。

(2)颗粒饲料　粉状饲料经颗粒机压制而成的饲料,形状一般为小圆柱状和角状两种,很适合饲喂鸭,由于其密度大、体积小,饲喂方便,可防止鸭择食,确保采食的全价性和减少饲料浪费;运输过程中不会产生二次分级,可保证饲料的均匀性、通透性。在制粒过程中物料经加热、加压、干燥等工序处理，有利于鸭的消化吸收，且有一定的杀菌作用，可减少饲料霉变，利于贮藏。但制作成本较高，加热加压时还可破坏一部分维生素和活性酶。

鸭颗粒饲料直径为4～6毫米，长度为8～10毫米。

(3)破碎饲料 用机械方法将颗粒饲料再次破碎而成，其粒度为2～4毫米。其特点与颗粒饲料相同，但这种饲料可减缓鸭的采食速度，避免采食过多而过肥，特别适合雏鸭采食。

此外，还有膨化饲料、压扁饲料和块状饲料等。

6. 配合饲料如何按用途分类？

根据饲粮的生产方向不同分为肉用鸭饲粮和蛋鸭饲粮两大类。

(1)肉用鸭饲粮

①育雏期肉鸭饲粮 用于饲喂3周龄前的雏鸭。

②肥育期肉鸭饲粮 用于3周龄后至肥育结束的肉鸭。

③育雏期肉种鸭饲粮 用于3～4周龄前的肉种用雏鸭，又可细分为0～2周龄和3～4周龄两种饲粮。

④育成期肉种鸭饲粮 用于5～18周龄的育成鸭。

⑤产蛋期肉种鸭饲粮 用于种鸭生产期，又分为初产期和高产期两种饲粮。

(2)蛋用鸭的饲粮

①育雏期蛋鸭饲粮 用于饲喂3周龄前的雏鸭。

②育成期蛋鸭饲粮 用于3周龄后至肥育结束。

③商品蛋鸭产蛋期饲粮 用于商品蛋鸭产蛋期，又分为初产期和高产期两种饲粮。

④育雏期蛋种鸭饲粮 用于3～4周龄前的雏鸭，又可细分为0～2周龄和3～4周龄两种。

⑤育成期蛋种鸭饲粮 用于5～22周龄的育成鸭。

⑥**产蛋期蛋种鸭饲粮**　用于种鸭生产期，又分为初产期和高产期两种饲粮。

7. 农户自配鸭饲料的目的和意义何在？

在原始的散放饲养、自由寻食的情况下，当生产力比较低下时，鸭可以在一定程度上进行营养物质摄入的自我调节，以满足低生产水平下的生长、繁殖和生产，鸭进入集约化饲养环境后，失去了向大自然自由觅食的机会，加上生产力大幅度提高，仍采用单一饲料饲喂，必然导致鸭生产力低下，健康恶化、病鸭大量产生。鸭集约化饲养，必然导致饲料科学配制的诞生，饲料科学配制的目的在于，生产能全面满足鸭生长、繁殖、生产所需的营养，由多种饲料，包括一些微量营养物质组成的配合饲料。

农户自配饲料可以说是配合饲料在特定条件下的一个补充。小规模养殖户，规模小、资金少无法与大企业抗衡，为了生存，选择了自己配制配合饲料的途径，将饲料厂赚取的那部分利润，变成自身的利润，从而降低成本，增加盈利。近年，一些具有相当规模的养殖场，也自建饲料厂，自配饲料在这些企业也"应运而生"。

但是自己配制配合饲料也受到许多因素的制约，必须理性对待。例如：对饲料、营养、饲养的最新研究成果较难及时掌握和应用，影响了鸭的生产性能最大限度发挥；受专业知识不足所限，使得拟定的配方不科学，导致配制的饲料营养不全，难以满足鸭的生长、生产所需，从而造成浪费，往往得不偿失；原料小批量进货价格较高；设备相应较简陋，较难保证配合饲料的质量，特别是配合饲料的均匀度。

自配饲料应尽量做到'扬长避短'。首先应加强专业知识的学习，认真掌握各种营养物质对鸭的生理作用、鸭对各种营养物质的需要、饲料是怎样分类的、弄清楚各种营养物质之间的协同或拮抗

作用、熟悉拟定配合饲料配方的方法与技巧、学会选用适宜的饲养标准。其次,条件允许时尽可能组织养鸭行业协会,或参加专业生产合作社,通过协会或合作社或养殖带头人,组织起来批量购进饲料原料、集资购置小型饲料加工设备,可有效弥补原料成本高、加工质量不高的不足,更可通过协会或合作社传递最新成果和市场信息。这类联合起来生产自配饲料的形式,在实践中已趋成熟,深受广大规模养殖者的欢迎。不提倡一把铁锨两只手的手工配制饲料,这样做会降低科学配制饲料的品质和饲喂效果。

8. 自配鸭饲粮需要哪些知识和资料?

自配鸭饲粮时除必须掌握一定的动物营养学和饲料学的基本知识外,还应有必要的一系列参数。首先要根据饲喂对象的品种、生产用途、生产水平、生理状况等的特征,选准、选好针对性强的饲养标准,然后还要有一份营养指标完整的饲料营养成分表及拟选用的饲料价格。欲保证饲粮的质量,生产无公害的产品,还要准备一套饲料原料标准和饲料卫生标准。为了充分利用当地的饲料资源,降低饲料成本,还应掌握当地的饲料资源状况。计算工具也是不能少的,如果有条件采用电子计算机拟定饲粮配方,一套优秀的饲料配方软件也是必备的。

9. 怎样认识饲料营养成分表?

饲料营养成分表是自配饲料的重要工具,在拟定配方时根据饲养标准提出的各种需要量,然后根据饲料营养成分表中提供的各种饲料的一系列营养物质参数进行配伍,逐个满足各种营养物质的需要量。随着科学技术进步,饲料营养成分表的内容越来越丰富,已从以前的几个常规指标发展到各种维生素、微量元素的含

量，不仅有总含量还有可利用部分的含量。现在的饲料营养成分表包括饲料描述、饲料常规成分、饲料有效能、饲料矿物质含量、饲料氨基酸含量、饲料维生素以及饲料氨基酸的真消化率等7部分。在使用饲料营养成分表时首先看看该饲料特征描述，其次要看清楚这些成分是绝干物质的含量，还是风干物质的含量，也就是弄清楚这个饲料中干物质的含量。再次要弄清楚含量的单位，例如，毫(微)克/千克、兆卡(焦)/千克、%、单位(IU)。

10. 怎样体现鸭饲粮配制的科学性?

(1)应全面满足鸭的营养需要 科学配制的饲料是用来满足规模化饲养条件下，各类鸭维持生命、生长、生产需要的，因此，设计饲料配方时，应全面掌握拟用饲料的营养成分及含量。

(2)应选好用好饲养标准 必须根据所饲养鸭的品种、日龄、生长发育阶段、生产用途和生产水平，选择适宜的饲养标准，确保鸭的营养需要，提高饲料转化率(饲料报酬)为目标，最大限度地发挥鸭的生产性能。饲养标准可根据饲养效果进行微调。

(3)注意饲料原料的品质 配合饲料饲喂效果很大程度上受饲料原料品质的影响，品质主要包括饲料原料营养物质的含量，含水量，有无杂质、有毒物质、霉变、虫蛀以及农药等。

(4)饲料原料多样性 科学配制饲料的突出优点，在于能充分发挥多种原料的协同互补作用，使得配合饲料的营养组成更符合鸭的生长、繁殖、生产的需要。饲料原料的多样性并不是越多越好，太多不利于加工流程，主要原料以4～6种为宜，选择原料时应根据各种饲料的营养特色，相互间可能存在的协同与拮抗作用，进行科学合理的搭配。

(5)处理好配合饲料营养成分的设计值与保证值之间的关系 配合饲料中各种原料养分的真实值与理论值之间有一定差

异，且在加工、贮存过程中一些养分发生变化、遭受破坏而造成损失，故在配制配合饲料时其营养成分设计值应略大于保证值，以保证配合饲料在保质期内，营养物质含量不低于产品标签中的标示值。

11. 拟定鸭饲粮配方时应注意哪些原则？

(1)正确选用饲料原料 配方编制十分合理，但所用原料品质很差，则很难达到预期效果，正确选好饲料原料至关重要。使用的原料必须符合国家饲料卫生标准，使用添加剂的品种、剂量、方法必须符合国家条例和规范。配制饲料时，饲料添加剂的使用量、使用期和配伍均应符合安全法规。

(2)容积性适当 配制饲料时应考虑它的容积，即其体积应与鸭消化道相符合。在考虑饲料容积性的同时，还应保证有足够的粗纤维供给，一般粗纤维的含量不宜超过5%，雏鸭、快速肥育肉鸭和高产蛋鸭更应控制粗纤维给量。

(3)应注意饲料原料的适口性 制订饲料配方时，应注意选择适口性好的饲料原料，以免因适口性不好而影响采食量。影响适口性的因素很多，采食习惯、饲料中的异味，如菜籽饼、棉籽饼等都是降低适口性的影响因素。

(4)充分注意鸭的生理特点 进行饲料配制时，不仅要考虑鸭的类型、生长发育及生产水平，还应根据鸭不同时期的生理特点及饲养环境进行配制。例如，鸭对纤维消化能力较弱，应适当限制粗纤维的用量，雏鸭不超过3%，青年鸭和产蛋鸭应控制在6%以内。

(5)关注季节变化 应关注季节变化对鸭采食量及其生理状况的影响，还应注意季节变化常易引发多种应激反应，可提高一些维生素及微量元素的用量，在现有饲养标准基础上，适当调整供应量，幅度为10%左右较好。一些维生素的应激添加量，可达到饲

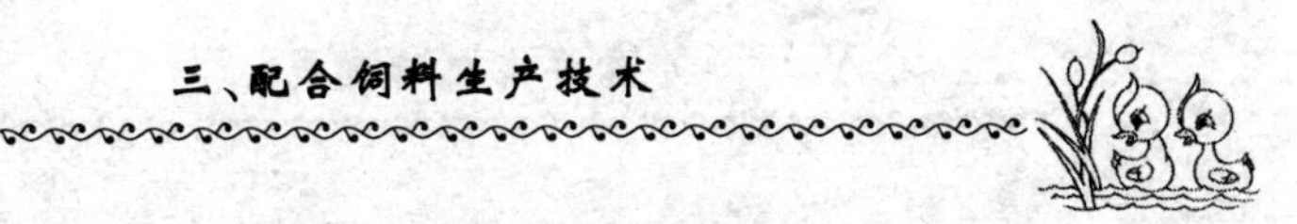

养标准规定量的1～2倍，甚至更高。例如，维生素C能有效缓解禽类的热应激，酷暑时可增加维生素C的供给量。据报道，碳酸氢钠也有缓解热应激的功效。

12. 什么是饲养标准？

为了科学合理地饲养鸭，既要满足其营养需要，充分发挥生产潜力，又不致造成饲料的浪费，获得最大的经济效益，必须对不同品种、不同用途、不同日龄鸭的营养需要进行研究，获得一系列具代表性的参数，结合营养学理论和生产实践，科学制定出的一系列参数标准就是饲养标准。可见，标准具有普遍指导意义。饲养标准不是一成不变，它随科学技术、实际生产的发展而变化，需要修订。

饲养标准种类很多，大致可分为两类。一类是由国家制定和颁布的或由专业主管部门制定和颁布的饲养标准，称为国家标准或行业标准。如我国的饲养标准、美国NRC饲养标准、英国ARC饲养标准等。另一类是大型育种公司根据各自培育的优良品种或品系的特点，制定的符合该品种或品系营养需要的饲养标准，称为专用标准，例如北京鸭、樱桃谷鸭、康贝尔鸭、迪高鸭等的饲养标准。从国外引进品种时应包括这方面的资料。

13. 鸭的饲养标准主要包括哪些内容？

鸭的饲养标准中主要包括能量、蛋白质、必需氨基酸、矿物质和维生素等多项指标。鸭的能量需要量以每千克饲料的兆焦代谢能表示；蛋白质的需要量以每100克饲料的粗蛋白质的克数表示(%)，同时标出必需氨基酸的需要量，以每100克饲料氨基酸的克数表示，以便保持各种氨基酸的平衡。配制饲粮时，能量、蛋白质和矿物质的需要量一般是按最高生产率和产蛋量确定的；微量元

素和维生素的需要量是以不出现临床缺乏症状确定的最低需要量，在实际应用中应根据鸭的生产性能、生态环境和健康状况酌情采用安全量，即在需要量的基础上适当增加用量，一般称之为“适宜需要量”或“最适需要量”。可保证鸭获得定额的维生素并在体内有足够储存的添加量称为“供给量”。

14. 常用的鸭饲养标准有哪些？

根据鸭的不同生理阶段、生产水平、生产用途及品种分别介绍，目前常用的饲养标准（通常按需要量表示）分为肉用和蛋用两大类。

(1)肉用鸭的饲养标准 见表3-1至表3-4。

表3-1 中国北京鸭的营养需要 （周龄）

营养成分与单位	0～2	3～7	8～24	填 鸭	种 鸭
代谢能(兆焦/千克)	11.72	11.72	10.88	12.13	11.72
粗蛋白质(%)	20	18	15	14	19
赖氨酸(%)	1.1	0.95	0.72	0.65	0.85
蛋氨酸(%)	0.3	0.24	0.26	0.29	0.29
胱氨酸(%)	0.3	0.29	0.25	0.18	0.26
色氨酸(%)	0.27	0.26	0.24	0.22	0.24
维生素A(单位/千克)	4000	4000	4000	2400	5400
维生素D_3(单位/千克)	220	220	220	400	500
维生素E(毫克/千克)	6	6			8
核黄素(B_2)(毫克/千克)	4	4	2	2	4.5
泛酸(毫克/千克)	11	11	11	11	7

续表 3-1

营养成分与单位	0～2	3～7	8～24	填　鸭	种　鸭
烟酸(毫克/千克)	55	55	50	50	40
吡多醇(B_6)(毫克/千克)	2.6	2.6	2.6	2.6	3
钙(%)	1	1	0.9	2	2.25
磷(%)	0.6	0.6	0.5	0.8	0.5
锰(毫克/千克)	60	60	40	10	40

表 3-2　不同国家和地区北京鸭营养需要量推荐值

周龄(周)	AEC*1 (1993 年)		台湾*2 (1993 年)		日本*3 (1992 年)	
代谢能(兆焦/千克)	12.13	12.55	12.89	12.89	12.1	12.1
CP(%)	20	18	22	16	22	16
蛋氨酸(%)	0.41	0.36	0.44	0.32		
蛋十胱氨酸(%)	0.80	0.69	0.80		0.80	0.80
赖氨酸(%)	0.98	0.80	1.20	0.80	1.1	0.90
苏氨酸(%)	0.67	0.54	0.80	0.61		
色氨酸(%)	0.20	0.16	0.25	0.20		
精氨酸(%)			1.20	1.00	1.1	1.0
亮氨酸(%)			1.32	1.32		
异亮氨酸(%)			0.90	0.75		
缬氨酸(%)			0.88	0.68		

注：* 1 法国；* 2 台湾畜牧学会；* 3 日本农林水产省

表 3-3　美国 NRC 推荐北京白鸭的营养需要量

营养成分与单位	0～2 周龄	2～7 周龄	种　鸭
代谢能(兆焦/千克)	12.13	12.55	12.13
粗蛋白质与氨基酸	22	16	15
粗蛋白质(%)			
精氨酸(%)	1.1	1.0	
异亮氨酸(%)	0.63	0.46	0.39
亮氨酸(%)	1.26	0.91	0.76
赖氨酸(%)	0.9	0.65	0.60
蛋氨酸(%)	0.4	0.3	0.27
蛋＋胱氨酸(%)	0.7	0.55	0.50
色氨酸(%)	0.23	0.17	0.14
缬氨酸(%)	0.78	0.56	0.47
常量元素			
钙(%)	0.65	0.60	2.75
氯(%)	0.12	0.12	0.12
镁(毫克/千克)	500	500	500
非植酸磷(%)	0.40	0.35	0.35
钠(%)	0.15	0.15	0.15
微量元素			
锰(毫克/千克)	50	—	—
硒(毫克/千克)	0.2	—	—
锌(毫克/千克)	60	—	—
维生素 A(单位/千克)	2500	2500	4000

续表 3-3

营养成分与单位	0～2 周龄	2～7 周龄	种　鸭
维生素 D_3(单位/千克)	400	400	900
维生素 E(单位/千克)	10	10	10
维生素 K(毫克/千克)	0.5	0.5	0.5
尼克酸(毫克/千克)	55	55	55
泛酸(毫克/千克)	11.0	11.0	11.0
吡哆醇(毫克/千克)	2.5	2.5	3.0
核黄素(毫克/千克)	4.0	4.0	4.0

注:摘自刘月琴等主编"家禽饲料手册"第二版　中国农业大学出版社

表 3-4　肉用仔鸭饲养标准※2

营养成分	0～3 周龄	4 周龄以上
代谢能(兆焦/千克)	11.7	12.1
粗蛋白质(%)	19	17
钙(%)	1.0	1.0
磷(%)	0.75	0.75
食盐(%)	0.35	0.35

(2)蛋鸭的饲养标准　见表 3-5 至表 3-8。

表 3-5　产蛋鸭、种鸭饲养标准*2

营养成分与单位	高峰期	后　期
代谢能(兆焦/千克)	11.3	11.1
粗蛋白质(%)	17	15
钙(%)	3.0	3.0
磷(%)	0.75	0.75
食　盐	0.35	0.35

表 3-6　生长鸭饲养标准*2

营养成分与单位	0～3 周龄	4～8 周龄	9 周龄至开产
代谢能(兆焦/千克)	11.5	11.5	10.8
粗蛋白质(%)	18	16	14
钙(%)	1.0	1.0	1.0
磷(%)	0.75	0.75	0.75
食盐(%)	0.35	0.35	0.35

带*2肩号者摘自上海交通大学自动化系提供的饲料配方软件中的饲养标准

表 3-7　蛋鸭的饲养标准(推荐)

营养成分与单位	0～2 周龄	3～8 周龄	9～18 周龄	产蛋期
代谢能(兆焦/千克)	11.51	11.51	11.3	11.09
粗蛋白质(%)	20	18	15	18
能量蛋白比(千焦/克)	575.3	639.2	753.1	616
蛋白能量比(克/兆焦)	17.38	15.65	13.28	16.24
精氨酸(%)	1.2	1	0.7	1
蛋氨酸(%)	0.4	0.3	0.25	0.33

续表 3-7

营养成分与单位	0～2 周龄	3～8 周龄	9～18 周龄	产蛋期
蛋氨酸＋胱氨酸(％)	0.7	0.6	0.5	0.65
赖氨酸(％)	1.2	0.9	0.65	0.9
维生素 A(单位/千克)	4000	4000	4000	8000
维生素 D_3 (雏鸡单位/千克)	600	600	600	1000
维生素 E(毫克/千克)	20			
维生素 K(毫克/千克)	2	2	2	2
硫胺素(B_1)(毫克/千克)	4	4	4	2
核黄素(B_2)(毫克/千克)	5	5	5	8
烟酸(毫克/千克)	60	60	60	60
吡哆醇(B_6)(毫克/千克)	6.6	6	6	9
泛酸(毫克/千克)	15	15	15	15
生物素(毫克/千克)	0.1	0.1	0.1	0.2
叶酸(毫克/千克)	1	1	1	1
氯化胆碱(毫克/千克)	1800	1800	1100	1100
维生素 B_{12}(毫克/千克)	0.01	0.01	0.01	0.01
钙(％)	0.9	0.8	0.8	2.5
磷(％)	0.5	0.45	0.45	0.35
钠(％)	0.15	0.15	0.15	0.15
氯(％)	0.15	0.15	0.15	0.15
钾(％)	0.25	0.25	0.25	0.25
镁(毫克/千克)	500	500	500	500

续表 3-7

营养成分与单位	0～2 周龄	3～8 周龄	9～18 周龄	产蛋期
锰(毫克/千克)	100	100	100	100
锌(毫克/千克)	60	60	60	60
铁(毫克/千克)	80	80	80	80
铜(毫克/千克)	8	8	8	8
碘(毫克/千克)	0.6	0.6	0.6	0.6

1 单位维生素 A＝0.334 微克醋酸维生素 A

2 雏鸡单位维生素 D_3＝0.025 微克维生素 D_3

表 3-8　中国台湾(1993)蛋鸭营养需要

①蛋鸭营养需要量(0～4 周龄)

标准来源	台湾省畜牧学会	发布日期	1993
标准名称	蛋鸭营养需要量	使用对象	产蛋鸭，育雏期
饲养阶段	0～4 周龄	标准描述	饲粮中营养成分需要量
采食量(克)		饲粮干物质(%)	88.00
代谢能(兆卡/千克)		代谢能(兆焦/千克)	11.51
粗蛋白质(%)	17.00	蛋白能量比(克/兆焦)	
粗纤维(%)		钙(%)	0.75
总磷(%)	0.58	有效磷(%)	0.30
食盐(%)		蛋氨酸(%)	0.39
蛋＋胱氨酸(%)	0.63	赖氨酸(%)	1.00

续表 3-8

色氨酸(%)	0.22	精氨酸(%)	1.02
亮氨酸(%)	1.19	异亮氨酸(%)	0.60
苯丙氨酸(%)		苯丙酪氨酸(%)	1.31
苏氨酸(%)	0.63	缬氨酸(%)	0.73
组氨酸(%)		甘＋丝氨酸(%)	
维生素A(单位/千克)	5500	维生素 D_3(单位/千克)	400
维生素E(单位/千克)	10.00	维生素 K_3(毫克/千克)	2.00
硫胺素(毫克/千克)	3.00	核黄素(毫克/千克)	4.60
泛酸(毫克/千克)	7.40	烟酸(毫克/千克)	46.00
吡哆醇(毫克/千克)	2.20	生物素(毫克/千克)	0.08
胆碱(毫克/千克)	1300	叶酸(毫克/千克)	1.00
维生素 B_{12}(微克/千克)	15.00	亚油酸(%)	
钾(%)	0.33	钠(%)	0.13
氯(%)	0.12	镁(%)	0.040
铜(毫克/千克)	10.00	碘(毫克/千克)	0.40
铁(毫克/千克)	80.00	锰(毫克/千克)	39.00
锌(毫克/千克)	52.00	硒(毫克/千克)	0.15

②蛋鸭营养需要量(4～9周龄)

标准来源	台湾省畜牧学会	发布日期	1993
标准名称	蛋鸭营养需要量	使用对象	产蛋鸭，生长期蛋鸭
饲养阶段	4～9周龄	标准描述	饲粮中营养成分需要量

续表 3-8

采食量(克)		饲粮干物质(%)	88.00
代谢能(兆卡/千克)		代谢能(兆焦/千克)	11.42
粗蛋白质(%)	15.40	蛋白能量比(克/兆)	
粗纤维(%)		钙(%)	0.90
总磷(%)	0.66	有效磷(%)	0.36
食盐(%)		蛋氨酸(%)	0.35
蛋+胱氨酸(%)	0.57	赖氨酸(%)	0.90
色氨酸(%)	0.20	精氨酸(%)	0.95
亮氨酸(%)	1.08	异亮氨酸(%)	0.54
苯丙氨酸(%)		苯丙酪氨酸(%)	1.19
苏氨酸(%)	0.57	缬氨酸(%)	0.66
组氨酸(%)		甘+丝氨酸(%)	
维生素 A(单位/千克)	8250	维生素 D_3(单位/千克)	600
维生素 E(单位/千克)	15.00	维生素 K_3(毫克/千克)	3.00
硫胺素(毫克/千克)	3.90	核黄素(毫克/千克)	6.00
泛酸(毫克/千克)	9.60	烟酸(毫克/千克)	60.00
吡哆醇(毫克/千克)	2.20	生物素(毫克/千克)	0.08
胆碱(毫克/千克)	1100	叶酸(毫克/千克)	1.00
维生素 B_{12}(微克/千克)	15.00	亚油酸(%)	
钾(%)	0.40	钠(%)	0.15
氯(%)	0.14	镁(%)	0.050
铜(毫克/千克)	12.00	碘(毫克/千克)	0.04

续表 3-8

铁(毫克/千克)	89.00	锰(毫克/千克)	47.00
锌(毫克/千克)	62.00	硒(毫克/千克)	0.12

③蛋鸭营养需要量(9～14周龄)

标准来源	台湾省畜牧学会	发布日期	1993
标准名称	蛋鸭营养需要量	使用对象	产蛋鸭，育成期蛋鸭
饲养阶段	9～14周龄	标准描述	饲粮中营养成分需要量
采食量(克)		饲粮干物质(%)	88.00
代谢能(兆卡/千克)		代谢能(兆焦/千克)	10.35
粗蛋白质(%)	12.00	蛋白能量比(克/兆焦)	
粗纤维(%)		钙(%)	0.75
总磷(%)	0.58	有效磷(%)	0.30
食盐(%)		蛋氨酸(%)	0.29
蛋＋胱氨酸(%)	0.47	赖氨酸(%)	0.55
色氨酸(%)	0.14	精氨酸(%)	0.72
亮氨酸(%)	1.00	异亮氨酸(%)	0.52
苯丙氨酸(%)		苯丙酪氨酸(%)	0.95
苏氨酸(%)	0.45	缬氨酸(%)	0.55
组氨酸(%)		甘＋丝氨酸(%)	
维生素 A(单位/千克)	5500	维生素 D_3(单位/千克)	400
维生素 E(单位/千克)	10.00	维生素 K_3(毫克/千克)	2.00

续表 3-8

硫胺素(毫克/千克)	3.00	核黄素(毫克/千克)	4.60
泛酸(毫克/千克)	7.40	烟酸(毫克/千克)	46.00
吡哆醇(毫克/千克)	2.20	生物素(毫克/千克)	0.08
胆碱(毫克/千克)	1100	叶酸(毫克/千克)	1.00
维生素 B_{12}(微克/千克)	15.00	亚油酸(%)	
钾(%)	0.33	钠(%)	0.13
氯(%)	0.12	镁(%)	0.040
铜(毫克/千克)	10.00	碘(毫克/千克)	0.40
铁(毫克/千克)	80.00	锰(毫克/千克)	39.00
锌(毫克/千克)	52.00	硒(毫克/千克)	0.10

④蛋鸭营养需要量(14 周龄以上)

标准来源	台湾省畜牧学会	发布日期	1993
标准名称	蛋鸭营养需要量	使用对象	产蛋鸭,产蛋期蛋鸭
饲养阶段	14 周龄以上	标准描述	饲粮中营养成分需要量
采食量(克)		饲粮干物质(%)	88.00
代谢能(兆卡/千克)		代谢能(兆焦/千克)	11.42
粗蛋白质(%)	18.70	蛋白能量比(克/兆焦)	
粗纤维(%)		钙(%)	3.00
总磷(%)	0.72	有效磷(%)	0.43
食盐(%)		蛋氨酸(%)	0.45

续表 3-8

蛋+胱氨酸(%)	0.74	赖氨酸(%)	1.00
色氨酸(%)	0.22	精氨酸(%)	1.14
亮氨酸(%)	1.55	异亮氨酸(%)	0.80
苯丙氨酸(%)		苯丙酪氨酸(%)	1.47
苏氨酸(%)	0.70	缬氨酸(%)	0.86
组氨酸(%)		甘+丝氨酸(%)	
维生素 A(单位/千克)	11250	维生素 D_3(单位/千克)	1200
维生素 E(单位/千克)	37.50	维生素 K_3(毫克/千克)	3.00
硫胺素(毫克/千克)	2.60	核黄素(毫克/千克)	6.50
泛酸(毫克/千克)	13.00	烟酸(毫克/千克)	52.00
吡哆醇(毫克/千克)	2.90	生物素(毫克/千克)	0.10
胆碱(毫克/千克)	1690	叶酸(毫克/千克)	0.65
维生素 B_{12}(微克/千克)	13.00	亚油酸(%)	
钾(%)	0.30	钠(%)	0.28
氯(%)	0.12	镁(%)	0.050
铜(毫克/千克)	10.00	碘(毫克/千克)	0.48
铁(毫克/千克)	72.00	锰(毫克/千克)	60.00
锌(毫克/千克)	72.00	硒(毫克/千克)	0.12

注:引自中国农业科学院畜牧研究所编“国家饲料数据中心网”

15. 怎样获得质优价廉的配合饲料?

饲料成本约占整个养殖成本的65%~75%,想获得最佳经济效益,应从降低饲料成本着手。

养殖户自制饲粮时，应在充分满足鸭营养需要的前提下，对营养功能近似的原料，应选用价格比较低的一种；当常规饲料原料价格过高时，可选用价格便宜的其他原料代替，替代原料时最好进行饲喂试验，切不可搞简单的一换一。在替换时应调整整个配方的组成和比例，必要时还应添加其他原料予以平衡，例如花生饼代替豆饼应适当增加赖氨酸的供给量。

保证配合饲料中核心原料的充分供应，在不影响各种原料科学合理配制的情况下，应尽量选择当地主产品种，或产量大、供应稳定的外地品种，供应是否稳定，应以前三年或更长时间的供应情况综合判断。

原料每批采购量应适当，量过少需频繁购进，既增加采购强度，且因每批原料的质量不尽相同，频繁更换势必影响饲粮质量和鸭的采食，产生应激。购进过多既占用较多的场地和流动资金，且不易保存。每批采购量一般以 1 个月的用量为宜，冬季最多贮存 2 个月的用量。

饲料原料的质量是配制饲料质量的最根本保证，如果，提供的原料质量低劣，配方的科学性将被彻底摧毁，轻则不能充分发挥鸭的生产潜力，重则影响鸭的健康，甚至导致死亡。条件允许时应对购买的每批原料进行品质鉴定，至少应进行感观鉴别，严防购进掺假、掺杂、霉变的原料。

在购买饲料添加剂时要注意辨别真假、有效成分含量，是否超过保质期。根据鸭的品种、生长阶段、生产目的、生产水平，选用不同的添加剂并按说明书添加，避免浪费或中毒。

16. 自配饲料加工时应注意哪些事情？

(1)混合均匀度 如果自配饲料混合不均匀，势必造成一些鸭采食某种原料过多或过少，导致自制配方失去应有的作用，鸭的正

常生产性能难以发挥。要保证配合饲料均匀,要使粉料的粒度控制在1.5～2毫米,要严格控制搅拌时间,时间过长或过短都会降低均匀度,一般用变异系数(CV%)来表示,变异系数≤10%选好搅拌机,劣质搅拌机是均匀度差的主要原因;应尽量减少分装次数,以免造成"二次分配",降低配合饲料的均匀度。

(2)准确称量 不言而喻饲料原料称量不准,意味着变更了饲料配方,量衡的校准非常重要。

特别应注意微量添加剂的混合均匀度,添加量在1%以内的添加剂,要采用多次分级预混方法混入配合饲料中。各种饲料原料在搅拌机中的加入顺序为:2/3大宗原料→添加剂预混料、矿物质饲料等小料→1/3大宗原料。

17. 怎样用试差法配制鸭的饲粮?

试差法:首先确定鸭饲养标准,根据饲养经验粗略拟定各种饲料原料(包括添加剂)的大致比例,查阅饲料营养成分表,计算出各种营养成分的总和,并与饲养标准进行对比,差距部分可通过增减某些饲料原料调整,直至相等。这种方法操作简单,易于掌握,但计算繁琐,需要一定的经验。试差法是广大养殖户目前使用较多的一种方法。

现以产蛋高峰期蛋种鸭的饲粮配制为例叙述试差法的操作步骤。

第一步:查蛋种鸭的饲养标准。成年蛋种鸭营养需要量为,代谢能11.3兆焦/千克、粗蛋白质17%、钙3.0%、磷0.75%。

第二步:选择饲料原料。从饲料营养价值表中查所选原料的营养成分含量(表3-9)。

表 3-9 饲料原料营养成分含量

饲料原料	干物质(%)	代谢能(兆焦/千克)	粗蛋白质(%)	钙(%)	磷(%)
玉　米	86	13.6	8.7	0.02	0.27
麸　皮	87	6.8	15.7	0.11	0.92
米　糠	87	11.1	12.8	0.07	1.43
豆　饼	87	10.54	40.9	0.3	0.49
花生饼	88	11.63	44.7	0.25	0.53
鱼　粉	88	11.46	52.5	5.74	3.12
石　粉	92	0	0	38	0
食　盐		0	0	0	0

第三步：拟定各种饲料原料配合的比例。

首先以满足代谢能和粗蛋白质需要进行试配，将选用的几种能量饲料和蛋白质饲料大致确定一个比例，这两类饲料合计不超过饲粮的94%较宜，其余6%为矿物质饲料和添加剂预混料。计算各种营养成分，并与标准对比，直至代谢能和粗蛋白质基本平衡。再平衡钙、磷含量，若磷多钙少，可提高石粉的比例，降低磷酸氢钙的比例，若钙多磷少，则反之，直至结果与饲养标准接近为止，调整后的饲料组成见表3-10。

表 3-10 调整后的饲粮组成

饲料原料	配比(%)	代谢能(兆焦/千克)	粗蛋白质(%)	钙(%)	磷(%)
玉　米	57.0	57.0%×13.6 =7.75	57%×8.7 =4.96	57%×0.02 =0.01	57%×0.27 =0.15

续表 3-10

饲料原料	配比 (%)	代谢能 (兆焦/千克)	粗蛋白质 (%)	钙 (%)	磷 (%)
麸 皮	9.5	9.5%×6.8 =0.65	9.5%×15.7 =1.49	9.5%×0.11 =0.01	9.5%×0.92 =0.09
米 糠	3.0	3.0%×11.1 =0.33	3.0%×12.8 =0.38	3.0%×0.07 =0.0021	3.0%×1.43 =0.043
豆 饼	2.0	2.0%×10.5 =0.21	2.0%×40.9 =0.82	2.0%×0.3 =0.006	2.0%×0.49 =0.01
花生饼	19.6	19.7%×11.6 =2.29	19.7%×44.7 =8.81	19.7%×0.25 =0.05	19.7%×0.53 =0.10
鱼 粉	1.0	1%×11.5 =0.12	1%×52.5 =0.53	1%×5.74 =0.06	1%×3.12 =0.03
石 粉	7.3	0	0	7.3%×38 =2.77	0
食 盐	0.35	0	0	0	0
添加剂	0.25				
总 计	100	11.35	16.99	2.91	0.57

18. 怎样用四方形法配制鸭饲粮?

四方形法又称方形法、四角法、交叉法。这种方法较直观易于掌握,适用于饲料种类和营养指标较少的饲粮配方拟定。如果将该法与试差法配合使用,可比单一用试差法快,经过几次调整,即可使多项营养指标得到满足。

例如：用玉米、麸皮、豆饼、花生饼和矿物质饲料等为生长鸭拟定配合饲料配方。

第一步查生长鸭(4～8周龄)的饲养标准。得到如下参数：

代谢能(兆焦/千克)	粗蛋白质(%)	钙(%)	总磷(%)	食盐(%)	赖氨酸(%)	胱氨酸(%)
11.5	16.0	1.0	0.75	0.35	0.70	0.3

第二步进行饲料归类。把所有能量饲料按一定比例配合起来，作为第一类，再将蛋白质饲料用同样方法进行配合，作为第二类，并分别计算两组的粗蛋白质含量，其他原料作为第三类：

能量饲料{玉米 80%(含粗蛋白质 8.7%)；麸皮 20%(含粗蛋白质 15.7%)} 含粗蛋白质 10.1%

蛋白质饲料{大豆饼 70%(含粗蛋白质 40.9%)；生花饼 30%(含粗蛋白质 44.7%)} 含粗蛋白质 42.04%

第三类在配合饲料中占3.35%，其中：

食盐0.35%，磷酸氢钙1%，石粉1%，1%复合预混料(含多种维生素、微量元素)1%。

第三步调整粗蛋白质。粗蛋白质饲养标准为16%，由第一、第二类提供，即第一、第二类粗蛋白质含量应为16/(100－3.35)＝16.55%。

作对角线交叉图，把混合饲料欲达到的粗蛋白质含量16.55%放在对角线交叉处，第一、第二类饲料的粗蛋白质含量分别放在左上角和左下角，然后以左方上、下角为出发点，各通过中心向对角交叉，以大数减小数，并将得数分别记在右上角和右下角。计算出两类饲料在最后配方中的百分含量。

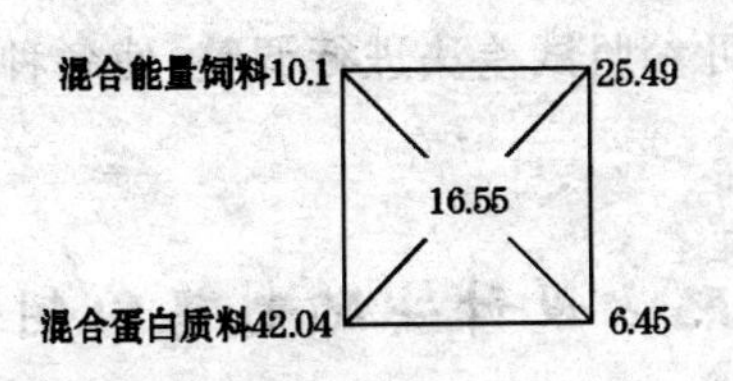

$$\frac{25.49}{25.49+6.45}\times 100\%=79.8\%$$

$$\frac{6.45}{25.49+6.45}\times 100\%=20.19\%$$

能量饲料:25.49/(25.49+6.45)=79.8%

能量饲料占最后配方中的百分含量:79.8%×96.65%=77.13%

蛋白质饲料:6.45/(25.49+6.45)=20.19%

蛋白质饲料最后配方中的百分含量:20.19%×96.65%=19.52%

第六步:进一步计算各单项能量饲料及蛋白质饲料的用量百分比。

玉米:80%×77.13%=61.70%

麸皮:20%×77.13%=15.43%

豆饼:70%×19.52%=13.66%

花生饼:30%×19.52%=5.86%

第七步:列出配方单。

玉米　61.70%

麸皮　15.43%

豆饼　13.66%

花生饼　5.86%

磷酸氢钙　1%

石粉　1%

复合预混料　1%

食盐　0.35%

合计　100.00%

按照以上配方分别计算各种养分的含量,再比照饲养标准进

行核对，若出现较大差异时，可参照试差法进行调整，使各种养分基本满足要求。

19. 怎样用计算机配方设计法配制鸭的饲粮？

手工配方设计很难实现配方优化，不能给出最低成本配方，也很难对原料的取舍进行科学决策。如果采用计算机与专家智能相结合的方法进行配方设计，则可获得一个比较理想的饲粮配方，能全面满足鸭对各种营养物质的需要，而且成本也最低。采用计算机设计配方需要一定的设备和计算机以及动物营养学知识，设备主要包括一台计算机（PC-486 以上机型，硬盘空间 40≥MB，内存≥16M，采用 WINDOWS 操作系统），一套配方软件。下面以上海交通大学自动化系和贵州大学动物科学系协作，由田作华教授和胡迪先教授设计编辑的软件为例，简要介绍计算机配方设计的操作步骤。

主配方优化设计是本软件最核心的部分，要设计出一个合理的优化配方，一方面需要有先进的配方优化设计程序，同时也需要掌握一定动物营养学和饲料学知识的操作人员配合，二者缺一不可。

第一步，点击"动物选择"按钮。在动物种类下拉菜单中选中"鸭"，在动物名称中会显示与鸭相关的动物名称，然后双击"生长鸭"或选中"生长鸭"再点击">>"符号，待已选择动物名称一栏内出现"生长鸭"后单击确定按钮，弹出一个界面。

第二步，指标选择。点击右上角的"指标选择"，弹出一对话框，在待选指标中选择（经常参与优化的指标）代谢能、粗蛋白质、赖氨酸、蛋氨酸、钙、总磷、食盐、有效磷，点击确定。界面切换为一个新框图，显示选中的各种营养指标，这些营养指标可以设置上限与下限，当优化标准为国家标准的情况下是不允许修改的，当选

“用户标准”情况下可设置上限与下限。优先级是对此营养指标的加权，强调在配方优化计算过程哪些指标更加重要，可设定为1～100。

第三步，原料添加。单击原料添加后弹出一个对话框，单击原料种类下拉菜单。

①国际分类的类别有(粗饲料、青饲料、青贮料、能量类、蛋白质类、矿物类、添加剂类)，根据提示在列表中选取所需要的饲料种类。在能量类中选取玉米(二级)、小麦和植物油脂，在蛋白质类中选取大豆粕(二级)、菜籽饼、鱼粉，在矿物类中选取石粉、磷酸氢钙、食盐，在添加剂类选取赖氨酸、蛋氨酸，然后点击确定。根据提示确定原料用量的上、下限，原料用量的上、下限不是任意设置的，必须根据配方设计人员的理论知识和经验，从价格、动物生理特点、原料中含有毒物质的多少，是否引起配方无解等方面进行全面的评估后设置。

②提供实际水分值，饲料原料水分含量的变化与饲料其他成分含量呈负相关，直接影响配方的原料组成与配方的营养价值。栏中标准水分是指本软件数据库表的该类饲料原料的一般含水量。栏中“实际水分”是指您给定原料含水量的实测值，本例中假设饲料实际水分的含量和标准值相等。

③提供价格，根据市场各选用饲料的价格，将此价格逐个录入对应饲料栏中。

第四步，点击开始计算。第三步规定的全部设置完成后，即可点击“开始计算”，若饲料原料选择较合理，瞬间即可获得计算结果，再点击结果显示框图右侧的“指标分析”：即可获得配方各项营养指标与标准的对比，若两者吻合即认可，若有少量差异可通过对话框右侧的“配方微调”进行调整，差异很小可忽略不调。计算所得结果和参数如需存档，那么在文件下拉菜单中点击“另存为……”，给此配方1个文件名保存。

20. 肉鸭、蛋鸭饲粮的推荐配方有哪些?

肉鸭、蛋鸭饲粮推荐配方见表3-11至表3-15。

表3-11 蛋鸭饲粮推荐配方之一*

饲料配比及营养成分	配方类型				
	0～3周龄	4～8周龄	9周龄～开产	产蛋高峰	产蛋高峰后
玉米(%)	57.3	63.66	58.21	48.46	66.2
次粉(%)	5.0	—	—	20.0	—
小麦麸(%)	15.0	19.47	31.81	5.87	5.80
豆粕(%)	13.1	5.0	—	5.0	5.0
花生仁饼(%)	0.45	4.2	2.0	2.0	—
菜籽粕(%)	—	—	—	2.62	9.81
鱼粉(进口)(%)	6.6	5.16	5.0	8.0	5.0
石粉(%)	1.52	1.94	2.09	6.09	6.0
磷酸氢钙(%)	0.42	—	0.12	1.32	1.46
食盐(%)	0.35	0.35	0.35	0.35	0.35
蛋氨酸(%)	0.06	0.02	0.11	0.07	0.05
赖氨酸(%)	—	—	0.11	0.02	0.13
微量元素添加剂(%)	0.2	0.2	0.2	0.2	0.2
合计(%)	100	100	100	100	100
代谢能(兆焦/千克)	11.50	11.50	10.9	11.30	11.20
粗蛋白质(%)	18.0	16.0	14.2	17.0	15.3
钙(%)	1.0	1.0	1.4	3.0	3.0
可利用磷(%)	0.35	0.30	0.30	0.60	0.55
赖氨酸*(%)	0.90	0.7	0.7	0.85	0.8
蛋氨酸(%)	0.40	0.3	0.35	0.4	0.35

表 3-12 蛋鸭饲粮推荐配方之二*2

饲料配比及营养成分	配方类型			
	0～6 周龄	7～14 周龄	15～18 周龄	产蛋鸭
玉米(%)	62.42	67.53	63.22	59.43
麦麸(%)	2.52	10.80	16.38	2.00
豆粕(%)	29.48	16.43	16.91	20.49
菜籽粕(%)	—	—	—	5.00
鱼粉(进口)(%)	2.00	2.00	—	1.0
石粉(%)	0.98	0.96	1.15	—
磷酸氢钙(%)	1.29	0.98	1.01	1.01
贝壳粉(%)	—	—	—	8.30
食盐(%)	0.31	0.30	0.33	0.33
动物油脂(%)	—	—	—	1.25
蛋氨酸(%)	—	—	—	0.05
赖氨酸(%)	—	—	—	0.14
微量元素添加剂(%)	1.00	1.00	1.00	1.00
合计(%)	100	100	100	100
代谢能(兆焦/千克)	11.72	11.72	11.30	11.09
粗蛋白质(%)	20.0	16.0	15.5	17.0
钙(%)	0.80	0.70	0.70	3.00
可利用磷(%)	0.44	0.38	0.38	0.35
赖氨酸*(%)	1.00	0.74	0.67	0.90
蛋+胱氨酸(%)	0.67	0.56	0.53	0.63

表 3-13 肉用鸭饲粮推荐配方之一

饲料配比及营养成分	配方类型					
	3周龄前*	4周龄后*	0～3周龄	4～8周龄	育成鸭	种鸭
玉米(%)	41	40.5	43.0	52.1	59.6	51.7
大麦(%)	—	—	10.0	10.0	10.0	10.0
碎米(%)	20.0	—	—	—	—	—
次粉(%)	—	39.9	—	—	—	
小麦麸(%)	9.6	—	6.934	4.95	4.94	4.95
豆粕(%)	5.0	9.1	28.5	24.0	16.8	19.5
花生仁粕(%)	20.0	2.3	—	—	—	—
四号面粉(%)	—	—	5.0	5.0	5.0	5.0
鱼粉(进口)(%)	0.3	4.9	2.0	—	—	—
干草粉(%)	—	—	2.0	—	—	2.0
石粉(%)	2.25	2.19	0.6	1.25	1.25	4.45
磷酸氢钙(%)	1.2	0.5	0.55	1.3	1.0	1.0
加碘食盐(%)	0.35	0.35	0.35	0.35	0.35	0.35
蛋氨酸(%)	0.1	0.06	0.06	0.025	0.03	0.025
氯化胆碱(%)	—	—	0.006	0.025	0.03	0.025
添加剂预混料(%)	0.2	0.2	1.0	1.0	1.0	1.0
合计(%)	100	100	100	100	100	100
代谢能(兆焦/千克)	11.70	12.10	11.77	12.00	12.27	11.60
粗蛋白质(%)	19.0	17.0	22.9	18.9	16.1	17.0
钙(%)	1.00	1.00	0.78	0.82	0.74	2.0
可利用磷(%)	0.38	0.38	0.41	0.39	0.32	0.40
赖氨酸*(%)	0.8	0.65	1.32	0.98	0.76	0.87
蛋氨酸(%)	0.35	0.35	0.46	0.36	0.33	0.34

表 3-14　肉用鸭饲粮推荐配方之二*2

饲料配比及营养成分	配方类型		
	0～3 周龄	4～6 周龄	7 周龄～出栏
玉米(%)	59.89	69.87	71.00
麦麸(%)	—	2.32	3.10
豆粕(%)	29.67	16.44	13.00
菜籽粕(%)	4.00	6.00	8.48
鱼粉(进口)(%)	2.00	1.00	—
石粉(%)	1.22	1.67	1.74
磷酸氢钙(%)	1.24	1.27	1.32
食盐(%)	0.30	0.32	0.36
动物油脂(%)	0.56	—	—
蛋氨酸(%)	0.04	0.09	—
赖氨酸(%)	0.08	0.02	—
微量元素添加剂(%)	1.00	1.00	1.00
合计(%)	100	100	100
代谢能(兆焦/千克)	11.70	11.80	11.70
粗蛋白质(%)	21.0	16.5	15.4
钙(%)	0.90	1.00	1.00
可利用磷(%)	0.44	0.40	0.38
赖氨酸*(%)	1.10	0.73	0.62
蛋氨酸(%)	0.76	0.68	0.57

表 3-15　北京鸭饲粮推荐配方

饲料配比及营养成分	配方类型				
	2 周龄前*	3 周龄前*	种鸭*	0～3 周龄	4～8 周龄
玉米(%)	63.8	39.0	65.1	63.25	63.4
油脂(%)	—	—	—	1.0	1.0
碎米(%)	—	10.0	10.0	—	—
次粉(%)	—	34.3	—	7.0	7.0
小麦麸(%)	7.9	—	1.0	—	8.0
豆粕(%)	1.3	5.0	5.0	24.0	18.0
花生仁粕(%)	20.0	6.2	7.7	—	—
鱼粉(进口)(%)	4.0	2.0	2.8	2.0	—
蚕蛹(未脱脂)(%)	1.0	0.99	1.0	—	—
石粉(%)	1.16	1.9	6.83	0.8	0.8
磷酸氢钙(%)	—	—	—	1.0	1.0
加碘食盐(%)	0.37	0.37	0.37	0.3	0.3
蛋氨酸(%)	0.10	0.04	—	0.08	—
赖氨酸(%)	0.17	—	—	0.07	—
添加剂预混料(%)	0.2	0.2	0.2	0.5	0.5
合计(%)	100	100	100	100	100
代谢能(兆焦/千克)	12.12	12.54	12.12	12.47	12.05
粗蛋白质(%)	20	16.0	15.0	21.6	16.7
钙(%)	0.65	0.70	2.75	1.0	0.9
可利用磷(%)	0.28	0.27	0.21	0.43	0.38

续表 3-15

饲料配比及营养成分	配方类型				
	2 周龄前*	3 周龄前*	种鸭*	0～3 周龄	4～8 周龄
赖氨酸*(%)	0.9	0.65	0.60	1.08	0.76
蛋氨酸(%)	0.4	0.30	0.27	0.08	—

注：带*1肩号者为利用上海交通大学自动化系提供的饲料配方软件配制；带*2肩号者摘自刘建胜主编《家禽营养与饲料配制》；其余摘自郝正里主编《畜禽营养与标准化饲养》

21. 什么是载体、稀释剂和吸附剂？

为了保证添加剂活性成分的有效性、稳定性、均匀性和一致性，以及产品的安全性和可靠性，必须对这些微量成分稀释扩大，使其中有效成分均匀分散在配合饲料中。稀释扩大只能依靠向微量成分中添加载体或稀释剂或吸附剂来实现，这些物质的混合工艺对添加剂（预混料中的有效或活性成分，又称主料）和载体或稀释剂（预混料中的非有效成分，又称辅料）等的物理化学性质都有一定的要求。

(1)载体 载体是指能承载或吸附微量活性成分的微粒，使活性成分的颗粒加大，改善这些活性物质的分散性，并有良好的化学稳定性和吸附性，可以饲喂家禽的物质。载体能够承载微量活性添加成分，微量成分被载体承载后，能导致微量成分的各种物理特性发生改变或不再表现出来。微量成分被载体承载后不仅稀释了微量成分，起到稀释剂的作用，还可提高添加剂类微量成分的流散性，使添加剂更容易均匀分布到饲料中。而所得“混合物”的有关物理特性（如流动性、粒度等）基本取决于或表现为载体的特性。

常用的载体有两类，即有机载体与无机载体。有机载体又分

为2种:一种指含粗纤维多的物质,如脱脂糠粉、次(小麦)粉、小麦麸、大米粉、稻壳粉、玉米穗轴粉、大豆粕粉等,由于这种载体均来自于植物,所以含水量最好控制在10%以下;另一种为含粗纤维少的物料,如淀粉、葡萄糖、乳糖等,这类载体多用于维生素添加剂或药物性添加剂。无机载体则为碳酸钙、磷酸钙、二氧化硅、硅酸盐、陶土、蛭石粉、滑石粉、沸石粉等,这类载体多用于微量元素预混料的制作,制作复合添加剂预混料可选用有机载体,或二者兼用,可视需要而定。

(2)稀释剂 系指混合于一种或多种微量添加剂中起稀释作用的物质,它与微量活性成分之间只是简单的机械混合,不会改变微量成分的有关物理性质。稀释剂不起承载添加剂的作用,它可以稀释活性成分的浓度,并把它们的颗粒彼此分开,减少活性成分之间的相互反应,以增加活性成分的稳定性。

载体和稀释剂之间并无明显界限,载体也有稀释活性物质的作用,而稀释剂多具有载体的功能。

作为载体和稀释剂应具备下述特性:①载体和稀释剂应是非活性物料,不会改变添加剂的性质。②对所承载或稀释的微量成分有良好的吸附、黏滞或把持的能力,且不损害其活性。③稀释剂的有关物理特性,如粒度、相对密度应尽可能与相应的微量组分相接近。粒度大小要均匀,一般载体的粒度比稀释剂大,载体的粒度控制在30~80目,稀释剂则要求达到80~200目。④稀释剂本身不能被活性微量组分所吸收或固定。⑤稀释剂应无毒、无害,能被家禽采食。⑥水分含量越低越好,最好控制在10%,不吸潮,不结块,流动性好。⑦化学性质稳定,不发生化学变化,不具有药理活性。⑧一般载体和稀释剂的pH应在5.5~7.5,超越此范围易对维生素等活性物质造成破坏。⑨不带静电荷以克服一些维生素添加剂的静电吸附性,保证活性物质能均匀地分布在预混合饲料中。⑩价格低廉,易于购得。

(3)吸附剂 吸附剂又称吸收剂，它的作用在于使液体添加剂成为固体，便于运输和使用。其特性是吸附性强，化学性质稳定，可使活性成分附着在其颗粒表面，使液态微量化合物添加剂变为固态化合物。如抗氧化剂乙氧基喹啉为深褐色液体，可使用吸附剂如蛭石或硅酸钙使其成为固体产品，以利于实施均匀混合。吸附剂一般也分为有机物和无机物两类，有机物类如脱脂玉米胚粉、小麦胚粉、玉米芯粉、粗麦麸、大豆细粉等。无机物类则包括二氧化硅、硅酸钙、蛭石等。

22. 怎样配制添加剂预混合饲料？

配制添加剂预混料，首先通过饲养标准查得该添加剂在配合饲料中的添加量，而添加剂一般都不以单体提供，而是以化合物的形式供应，所以需选择拟用的化合物，再确定选用的该化合物的纯度，以及这种添加剂在该化合物中的含量，进而推算这种化合物在配合饲料中的用量。前已述及不论哪一类添加剂都不宜与大宗原料直接混合，必须经过一个预混合的过程，这样才能保证充分混匀。

含该添加剂的化合物用量确定后，即可确定该添加剂在饲粮中的百分含量，一般添加剂预混料添加范围是0.5%～4%，即1吨配合饲料中添加剂预混料可占5～40千克，多数时间占整个配合饲料的1%。推算获得的这种化合物在配合饲料中的用量，肯定达不到确定的添加范围，此时就应逐级添加载体或稀释剂或吸附剂，使之达到预设的重量，添加载体、稀释剂、吸附剂的目的是为了保证活性成分的稳定性、均匀一致性和安全性。下面以维生素和微量元素预混合饲料配制为例进一步阐述。

(1)微量元素添加剂预混合饲料的配制 在制作微量元素预混料配方时，一般不考虑植物饲料中的含量，将这一部分作为保证

值，而以饲养标准中的数值作为添加量。同时考虑到应激、特殊添加效应等因素而强化某些元素。但一定要了解清楚元素的中毒剂量，并考虑微量元素间的互作（协同和拮抗），避免大量添加某元素而导致另一元素的临界缺乏，从而影响了鸭的生产性能。如在采用高铜配方时，一般要同时提高铁、锌、锰等元素的添加量，而且从环境保护角度要求，不宜超大量的使用铜和锌。

以产蛋鸭铜的添加为例进行计算，选用五水硫酸铜纯度98%，查饲养标准产蛋鸭每吨配合饲料中需有8克铜，已知每克五水硫酸铜中含0.256克铜（铜的原子质量64÷五水硫酸铜分子式的量250），8克铜需8÷0.256＝31.25克五水硫酸铜，为便于生产操作，可以对原料的用量进行取整处理，同时应考虑其纯度98%，实际添加量应为31.25÷0.98＝31.89克，其他锰、铁、锌、碘也按此方法计算，分别求得这几种元素化合物的用量，然后汇总得一合计，再计算载体或稀释剂或吸附剂的添加量。假设微量元素添加剂预混合饲料在配合饲料中占0.5%，即1吨配合饲料中微量元素预混料应占5千克，合计的几种元素化合物的用量与5千克的差即为应添加的载体或稀释剂或吸附剂。

（2）维生素添加剂预混合饲料的配制　与配制微量元素预混饲料基本相似，通过饲养标准获得维生素的添加量后，首先选择拟采用的各种维生素添加剂原料及其有效成分含量，计算出饲粮中各种维生素商品原料的需要量，结合各种维生素的保险系数，最后确定添加量。再根据所配维生素预混料在配合饲料中的浓度，计算出配合饲料中维生素原料、抗氧化剂及载体的用量。

仍以产蛋鸭为例，查饲养标准产蛋鸭每吨配合饲料中需有800万单位的维生素A，选用的维生素A商品原料，每克含50万单位维生素A，据此推算每吨配合饲料中需添加800÷50＝16克维生素A商品原料。其他维生素也按此方法计算，分别求得这几种维生素商品原料的用量，然后汇总得一合计，再计算载体或稀释

剂或吸附剂的添加量。假设维生素添加剂预混合饲料在配合饲料中占0.2%，即1吨配合饲料中维生素预混料应占2千克，合计的各种维生素商品原料的用量与2千克的差即为应添加的载体或稀释剂或吸附剂。考虑到各种维生素性质的不稳定以及相互间可能存在拮抗，可按表列的各种维生素保险系数适当增加供给量。

表3-16　各种维生素产品的保险系数

维生素	保险系数	维生素	保险系数	维生素	保险系数
维生素A	2%～3%	维生素B_1	5%～10%	叶　酸	10%～15%
维生素D_3	5%～10%	维生素B_2	2%～5%	烟　酸	1%～3%
维生素E	1%～2%	维生素B_6	5%～10%	泛　酸	2%～5%
维生素K_3	5%～10%	维生素B_{12}	5%～10%	维生素C	5%～10%

23. 怎样用计算机配方设计鸭添加剂预混料配方？

计算机可利用配方设计系统软件，单独设计添加剂预混料配方，添加剂配方存档以后可以调入同一物种类、同一动物名称的基础料配方中，形成全价料配方和浓缩料配方。此处仍用田作华教授和胡迪先教授设计编辑的软件为例，简要介绍利用计算机设计添加剂预混料配方的操作步骤：

第一步，点击在主程序工具栏“其他”下拉菜单中选择“微量配方”，启动添加剂配方子程序，点击工具栏内的新建出现如下图所示界面“选择配方的动物名称”，下面以蛋鸭和种鸭（高峰期）为例。

第二步，点击“下一步”，出现了营养性添加剂的一系列指标，选择通常所需的微量元素指标。

第三步，点击“下一步”，选择以上微量元素指标对应的化合物

“选择营养性添加剂原料”。

第四步，再点击下一步“选择非营养性添加剂”，非营养性添加剂类别很多，包含：抗生素、合成抗菌药、抗球虫病药、抗氧剂、防霉剂、黏结剂、非蛋白氮、诱食剂、酶制剂、着色剂、维生素、活菌制剂，每一类别中又包含很多品种。本例选择 3 种非营养性添加剂：黄霉素、中华多维、球痢灵。

第五步，再点击“下一步”，选择载体（又叫填充料），本例选取矿物类中的北方石粉。

第六步，再点击“下一步”，点击保存出现的对话框，把添加剂配方保存为“蛋鸭和种鸭（高峰期）”，保存后点击“完成”，有一对话框弹出，问“是否生成文本文档?”其用途为打印或编辑。可点击确定。点击确定后弹出编辑界面，在其中可以进行打印格式的编排与编辑。

把添加剂配方调入主程序（基础料配方），前提是添加剂配方的动物种类和动物名称要与主配方的动物种类和动物名称一致，才能顺利调入。

如果主配方要把已经建立好的添加剂配方调入，可直接点击“微量添加”，则弹出一界面。

在以上栏目中点击鼠标右键，可以进行添加剂的查看和删除功能，还可以设定期望价格。设定期望价格，只能是满足营养需要和原料用量约束条件下的期望价格，不是任意的期望价格。应该是在求得多目标线性规划下获得最低成本配方后才设定期望价格。

第一步、获得满足营养需要和原料用量约束条件下，在求得多目标线性规划下的最低成本配方。

第二步、在工具栏“数据调整”下拉菜单“价格设定”上点击。点击后在“价格设定”前会出现√，说明“价格设定”有效。

第三步、在期望价格内输入价格的期望值，随后点击“开始计算”。

24. 饲料加工需要哪些机械设备？如何配置？

饲料加工设备种类很多，现针对农村养殖专业户和自配饲料养殖场，常用的饲料加工设备主要包括饲料粉碎机、除杂设备、饲料混合机、配料秤、饲料混合机、饲料加工机组、颗粒制粒机、颗粒破碎机等。

(1)粉碎机及除杂设备 主要用于粉碎谷粒、秸秆、青干草、饼块类饲料，将体积大小不一的各种饲料，粉碎成体积大小相对一致的细粒，以保证混合均匀。饲料粉碎后，颗粒变小、物料总表面积增大，有利鸭的消化吸收，提高饲料利用率。可见，粉碎机是生产配合饲料的必备设备。自配饲料常用切向喂入式粉碎机。

(2)配料秤 是用来称量各种饲料原料的重要设备，配料秤的精准性直接关系着配合饲料的质量，是配合饲料生产过程中的关键设备之一，配料秤称量不准不仅会降低配合饲料的质量，甚至可能造成中毒事故，或者降低鸭的生产率。常用的配料秤包括磅秤、天平、机械自动秤、电子盘秤、微机控制的电子秤等。自配饲料的大宗原料的计量多采用磅秤或机械自动秤，微量原料则使用天平进行人工计量。

(3)混合机 是确保各种饲料原料充分混合均匀的重要设备，配合饲料的均匀度，直接关系着鸭的生产和健康。混合机应具备的基本条件，首先要有良好的混合均匀度，混合机料仓中的物料残留少；其次结构简单，容易操作，便于清理、检查和维修；再次混合机的容量应与整个机组匹配；第四物料的混合时间应少于配料的时间。

(4)饲料加工机组 只适用于大型养殖场或养殖专业合作社，日饲料需要量较大的养殖场。饲料加工机组根据其生产用途的不同，可分为配合粉料机组、颗粒饲料机组、添加剂预混料机组等。

小型饲料加工厂多使用配合粉料加工机组。

(5)配合粉料加工机组 主要机器包括粉碎机、搅拌混合机和输送装置等。这种机组生产工艺流程比较简单，原料计量多采用人工分批操作，添加剂也采用人工分批加入混合机或其他投入装置；绝大多数机组只能粉碎谷物原料；机组占地面积小，对厂房要求不高，机组设在平房内即可安置(或适当加高房屋空间)。

(6)颗粒制粒机 分为硬颗粒制粒机和软颗粒制粒机两种，鸭采用硬颗粒饲料。硬颗粒制粒机按其结构，可分为环模与平模两种制粒机，环模制粒机采用环形压模和圆柱形压辊，平模制粒机采用水平圆盘形压模及与其相匹配的压辊。除压模和压辊外制粒机还包括料斗、螺旋供料器、搅拌调质器、压粒器以及电动机、减速传动装置等。

(7)颗粒破碎机 雏鸭需要小颗粒饲料，满足雏鸭对小颗粒饲料的需要，一是通过颗粒制粒机直接生产，但生产效率较低，能耗高，若采用颗粒破碎机将大颗粒破碎成小碎粒，则能提高单位工时的产量，减少耗能，且成型好，产生细粉少。颗粒破碎机主要包括活门控制装置、慢辊、快辊、轧距调节机构和传动部分等。

25. 自配饲料的基本生产工艺流程是什么？

饲料配制的基本工艺流程包括 8 部分(图 3-2)。

(1)除杂 饲料原料中难免混有杂物，这些杂物若不事前清除，必然会损害鸭的健康或损坏加工机械，为了保证配合饲料品质和机械不受损坏，在饲料原料粉碎前，应通过筛选和磁选除去存在的杂物。

(2)粉碎 粉碎是将粒状或饼块状的原料，粉碎成符合要求粒度的粉状物，以保证各种饲料原料能够充分混合，且有助于提高饲料的消化率。

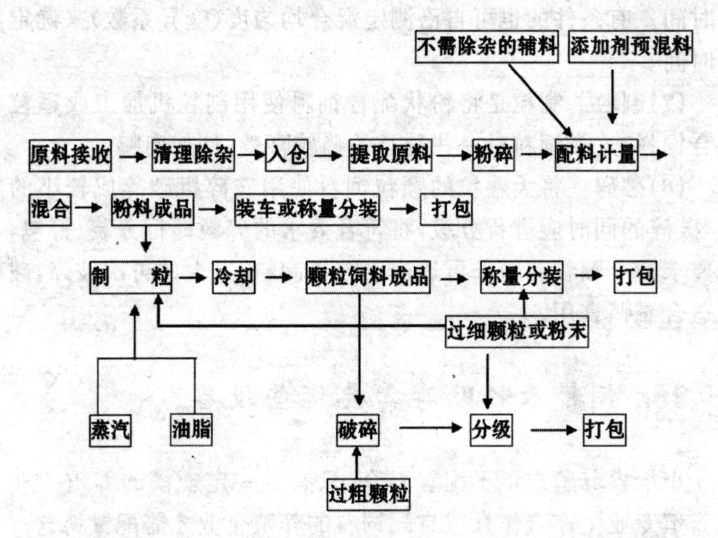

图 3-2　生产粉状和颗粒状配合饲料的基本工艺流程

(3)原料计量　各种饲料原料是按配方确定的重量进行配制，准确称量是保证配制饲料的关键措施之一，如果称量不准则意味着改变了饲料配方，改变了该配合饲料的营养成分含量，很可能影响鸭的健康和生产，因此必须强调计量的准确性。

(4)添加微量物质　添加不需除杂的辅料和添加剂预混料，这些物质添加量不大，却是配合饲料不可缺少的成分，应按配方要求准确添加。例如，矿物质、微量元素和维生素添加剂预混料、氨基酸以及其他微量添加物等。

(5)原料添加顺序　各种原料的添加顺序，也是影响配合饲料质量的重要因素，应严格按照前面讲述的添加顺序进行。在液体原料添加前，所有的干原料一定要混合均匀，并相应延长混合时间。更换品种时，应将混合机中的残料清扫干净。

(6)混合时间　一般混合机生产厂家都会推荐一个合理的混

合时间。有条件的也可自己测定混合均匀度(变异系数)来确定混合时间。

(7)制粒 制粒是将粉状配合饲料使用制粒机加工成颗粒状配合饲料,这类饲料对一些种类的鸭较喜爱,例如肉鸭。

(8)破碎 将大颗粒的颗粒饲料使用破碎机破碎成较小的颗粒,破碎的同时应进行分级,将符合要求的碎粒即行分装、打包,不符要求的小颗粒和粉末再返回制粒机制粒,过大的再次破碎,破碎料适合雏鸭食用。

26. 饲料原料贮存需要哪些设备?

小规模养殖户可不配置料仓,只有具一定规模的养殖专业户或养殖专业生产合作社或自配饲料的养殖企业才需配置料仓。

一般贮存原料的仓库容量不宜过大,通常立筒仓贮存量以保证饲料厂连续生产 7～15 天的用量为宜。容量过大无疑会增大投资,需要增添长期贮存原料的一系列设施,如检测温度、水分、通风、倒仓等所需设备,同时仓库设计的技术要求也相应较高,造价也随之增加,但容量过小,不利于满足连续生产的需要。

(1)适合自配饲料养殖专业户使用的几种仓型

①砖砌圆仓 容量小,投资少,但不利于长期贮存。

②房屋式仓 占地大,投资省,耗劳力。

(2)贮存仓必备的附属设施

①料位器 因造价高,通常只设满仓和空仓 2 个料位器,大型料仓的中间可增设几个料位器。

②进入孔及爬梯 为便于清理料仓和观察料位,以及维修料位器与观测料仓温度,料仓应设置进入孔及爬梯。

③通(排)气孔 仓内粉尘积聚超过极限可引起爆炸,为减少因粉尘引发的事故,仓内应设通气孔,排除粉尘。

(3)砖砌圆仓仓底形式

①角度　为了保持物料在仓内流动通畅，仓底应保持一定的倾斜，根据贮存物料种类而异，一般仓底角度以45°为宜。

②材料　为便于安装及物料流动，仓底用材料通常选择钢板。

③结构形式　要根据厂房类型设计仓底结构，否则易造成仓底预制件无法运入车间进行安装的情况。

27. 自配饲料的主要加工方式是什么？

自配饲料配制工艺流程从原料接收一直到成品（粉料或颗粒料）出厂，它包括原料接收、清选除杂、配料计量、粉碎、混合、制粒（冷却、破碎、分级）、成品称重、分装、打包等主要工序，以及输送、通风除尘、油脂添加等辅助工序。

饲料配制的生产工艺，根据自配饲料生产方式和经营方式的不同，可分为3种加工方式。第一种是全部饲料原料，包括能量饲料、蛋白质饲料和微量添加剂，都由饲料厂直接加工配制，生产全价配制饲料；第二种是除添加剂预混料直接向其他厂家购买成品外，其他饲料原料（指能量饲料、蛋白质饲料）仍由生产者直接购买原料，然后将三者混合生产配合饲料；第三种则是由生产者组织2～3种能量饲料，向其他厂家购买浓缩饲料成品，将浓缩饲料与能量饲料原料混合生产配合饲料。第三种方式特别适合自己手中有能量饲料的小规模养鸭专业户。

28. 饲料原料怎样接收和处理？

原料入库是保证产品质量的第一道工序，准备入库的原料要仔细进行检验，包括感官（看、闻、尝）检查、抽样检验主要营养成分与常见有毒成分，合格后才可称量验收。

感官检查主要从以下五方面进行：

一是用眼观察。通过肉眼观察饲料的形状、色泽、饱满度，有无霉变、结块、发芽、虫蛀、杂质、鼠害等情况。

二是鼻嗅研判。通过鼻的嗅觉来鉴别饲料有无异常气味，例如，有无霉味、腐臭、焦煳、酸败等气味。

三是手指触摸。通过手抓、指捻，判断饲料的温度、湿度、硬度、结块和黏稠度。

四是嘴舌感受。通过嘴舌评判饲料的香、甜、咸、苦、涩和哈喇味，对人体有毒、有害的饲料应审慎，不宜用嘴舌感受。

五是放大镜检查。将肉眼难以判断的性状，借助放大镜进一步仔细观察，其鉴定内容与视觉观察相同。

上述指标受各类饲料的特性影响，不一定全适用，可根据具体情况适当选用。感官鉴定只是评定饲料的第一步，感官鉴定常受经验制约，因此，还应结合各种相关成分的化验最终确定验收结果。

验收合格后，为了去除原料中对鸭生长不利或对加工设备有损坏的夹杂物，应及时对原料进行处理，筛选和磁选去除杂物，除杂后即可入库（图 3-3）。

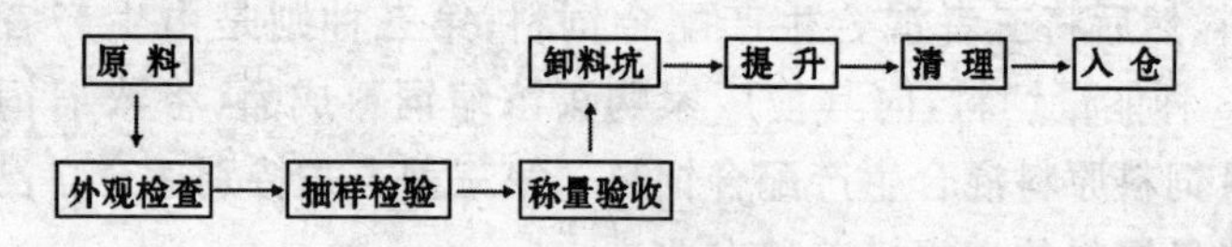

图 3-3 原料接收与处理的一般工艺流程

29. 不同的粉碎、配料顺序各有何特点?

配合饲料在加工过程中，因粉碎和配料工序的顺序不同，有 2

种生产工艺。

(1)先粉碎后配料 此工艺的特点是加工时，先将粒料进行粉碎，然后将粉碎后的原料贮存在各自的配料仓中。不需粉碎的粉料经杂物清理后，直接送入各自的配料仓贮存。配料时，将这些粉碎后的原料与添加剂预混料，按配方要求的重量分别计量后，送入混合机中混合，混匀后的物料即为配合粉料成品。

先粉碎后配料工艺的优点是可进行微机配料计量，精度高，误差小，饲料质量有保证。其缺点主要是需要配置较多的配料仓，占地也随之增大，投资相应更多。先粉碎还会延长粉料的贮存时间，易产生结块。

(2)先配料后粉碎 先配料后粉碎的生产工艺流程又分 2 种工艺。

第一，主料的粒料先称量配料之后粉碎，粉碎后的粉料与其他经称量配料的粉状辅料、矿物质、添加剂预混料一起倒入混合机混合，即得成品粉料。

第二，主、辅料与饼粕类一起称量配料，然后粉碎，粉碎好的物料输送(或卸)到混合机，并加入添加剂预混料，经充分混合，即得成品粉料。

先配料后粉碎工艺的优点主要显现在，需要调整饲粮配方时更方便，当原料品种供应发生变化时更能适应；配料仓需要数比先粉碎后配料工艺少，占地少，投资省；若遇配料中谷物原料的比例小时，粉碎量减少，优点更明显。其缺点主要是粉碎机设置于配料之后，一旦粉碎机发生故障，则导致整个生产停顿；同时被粉碎的原料品种变换频繁，易导致特性不稳定，电机负荷也因而不稳定，并增大能耗，原料清理要求高，对输送、计量都会带来不便。这种工艺更适合自配饲料的小型饲料厂。

30. 怎样检测自配饲料的质量?

(1)原料质量检测与控制 饲料原料的质量直接关系着自配饲料的优劣,在控制配合饲料产品质量时,饲料原料质量得到有效控制,则自配饲料的质量保证就有70%的把握。在对原料质量进行检测时,一方面要严格按国家制定的标准方法,逐项进行常规检查。另一方面对一些原料还应进行特殊检查,如近年发生的三聚氰胺事件,在很大程度上都与饲料质量有关,加强对三聚氰胺检测就十分必要;又如鱼粉除检测粗蛋白质、盐、沙的含量外,还应进行掺假检查,如为了提高掺杂鱼粉粗蛋白质含量,不排除添加三聚氰胺的可能;大豆粕(饼)还应检测尿素酶含量;矿物质原料除检测其主要成分含量外,对可能存在的重金属含量应进行检测,如镉、氟、砷、铅、汞等。原料质量检测应严格按照国家或行业制定的饲料原料标准进行判断,一些特殊饲料还可根据其特性增测一些项目。

(2)成品的质量管理与检验 在严格控制好原料质量关后,配合饲料配方设计和配合饲料的混合均匀度,就成为配合饲料成品质量的两大关键,配合饲料配方设计是质量管理体系的重要一环,配合饲料的质量在很大程度上取决于配方设计的科学性;在把好原料质量关后,成品主要检测项目就是混合均匀度,即变异系数。混合均匀度的检测,可在成品仓库中将配合饲料分为上、中、下3层,每层又分设四个角和中央等5个部位,采取15个样品,分别测定某一种营养物质,然后比较这些样品中该营养物质的差,如果相互间差小于5%,即为合格产品。

(3)保证成品质量的其他措施 原料投入混合机的顺序,对成品的均匀度有影响。原料的粉碎是采用一次粉碎还是二次粉碎,都对产品的粒度和均一性,以及维生素的活性产生影响;设备性能

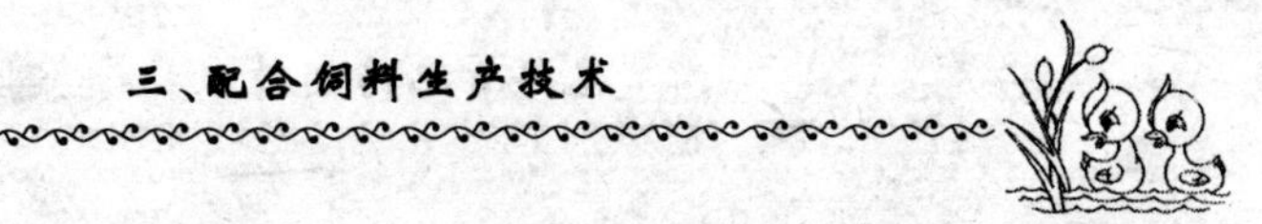

的优劣直接影响工艺效果，从而影响产品质量；此外，计量工具应定期检验和校正，以保证计量准确；包装和标签一定要符合国家规定，成品与标签的各项指标必须一致。成品的贮存条件也对质量有较大影响，将在后面介绍成品的贮存方法。

四、饲料添加剂使用技术

1. 我国常用饲料添加剂有哪些?

为了全面满足鸭的营养需要,在配合饲料中添加一些,具有不同生理功能的微量物质,这些物质统称为饲料添加剂,包括营养性饲料添加剂和非营养性饲料添加剂两大类。营养性添加剂主要有氨基酸、微量元素、维生素三大类。非营养性添加剂主要指一些不以提供基本营养物质为目的,仅为改善饲料品质、提高饲料利用率,促进生长,驱虫保健而掺入饲料中的微量化合物或药物。

我国已批准使用的饲料添加剂共有173种(类)。随着新产品的不断开发,人们在使用过程中对添加剂的认识不断深化,国家将会对允许使用的饲料添加剂种类进行调整(表4-1)。

表4-1　允许使用的饲料添加剂品种目录

(农业部1999年发布的第105号公告)

类　别	饲料添加剂名称
饲料级氨基酸7种	L-赖氨酸盐酸盐、DL-蛋氨酸、DL-羟基蛋氨酸、DL-羟基蛋氨酸钙、N-羟甲基蛋氨酸、L-色氨酸、L-苏氨酸

续表 4-1

类 别	饲料添加剂名称
饲料级维生素 26 种	β-胡萝卜素、维生素 A、维生素 A 乙酸酯、维生素 A 棕榈酸酯、维生素 D_3、维生素 E、维生素 E 乙酸酯、维生素 K_3(亚硫酸氢钠甲萘醌)、二甲基嘧啶醇亚硫酸甲萘醌、维生素 B_1(盐酸硫胺)、维生素 B_1(硝酸硫胺)、维生素 B_2(核黄素)、维生素 B_6、烟酸、烟酰胺、D 泛酸钙、DL-泛酸钙、叶酸、维生素 B_{12}(氰钴素)、维生素 C(L-抗坏血酸)、L-抗坏血酸钙、L-抗坏血酸-2-磷酸酯、D-生物素、氯化胆碱、L-肉碱盐酸盐、肌醇
饲料级矿物质、微量元素 43 种	硫酸钠、氯化钠、磷酸二氢钠、磷酸氢二钠、磷酸二氢钾、磷酸氢二钾、碳酸钙、氯化钙、磷酸氢钙、磷酸二氢钙、磷酸三钙、乳酸钙、七水硫酸镁、一水硫酸镁、氧化镁、氯化镁、七水硫酸亚铁、一水硫酸亚铁、三水乳酸亚铁、六水柠檬酸亚铁、富马酸亚铁、甘氨酸铁、蛋氨酸铁、五水硫酸铜、一水硫酸铜、蛋氨酸铜、七水硫酸锌、一水硫酸锌、无水硫酸锌、氧化锌、蛋氨酸锌、一水硫酸锰、氯化锰、碘化钾、碘酸钾、碘酸钙、六水氯化钴、一水氯化钴、亚硒酸钠、酵母铜、酵母铁、酵母锰、酵母硒
饲料级酶制剂 12 类	蛋白酶(黑曲霉,枯草芽孢杆菌)、淀粉酶(地衣芽孢杆菌,黑曲霉)、支链淀粉酶(嗜酸乳杆菌)、果胶酶(黑曲霉)、脂肪酶、纤维素酶(recsei 木酶)、麦芽糖酶(枯草芽孢杆菌)、木聚糖酶(imolem 腐质酶)、β-聚葡糖酶(枯草芽孢杆菌)、甘露聚糖酶(缓慢芽孢杆菌)、植酸酶(黑曲霉,米曲霉)、葡萄糖氧化酶(青酶)
饲料级微生物添加剂 12 种	干酪乳杆菌、植物乳杆菌、嗜酸乳杆菌、粪链球菌、屎链球菌、乳链球菌、枯草芽孢杆菌、纳豆芽孢杆菌、乳酸片球菌、啤酒酵母、产朊假丝酵母、沼泽红假单胞菌
饲料级非蛋白氮 9 种	尿素、硫酸铵、液氨、磷酸氢二铵、磷酸二氢铵、缩二脲、异丁叉二脲、磷酸脲、羟甲基脲
抗氧剂 4 种	乙氧基喹啉、二丁基羟基甲苯(BHT)、丁基羟基茴香醚(BHA)、没食子酸丙酯

续表 4-1

类　别	饲料添加剂名称
防腐剂、电解质平衡剂 25 种	甲酸、甲酸钙、甲酸铵、乙酸、双乙酸钠、丙酸、丙酸钙、丙酸钠、丙酸铵、丁酸、乳酸、苯甲酸、苯甲酸钠、山梨酸、山梨酸钠、富马酸、柠檬酸、酒石酸、苹果酸、磷酸、氢氧化钠、碳酸氢钠、氯化钾、氢氧化铵
着色剂 6 种	β-阿朴-8′-胡萝卜素醛、辣椒红、β-阿朴-8′-胡萝卜素酸乙酯、虾青素、β-胡萝卜素-4,4-二酮(斑蝥黄)、叶黄素(万寿菊花提取物)
调味剂、香料 6 种(类)	糖精钠、谷氨酸钠、5′-肌苷酸二钠、血根碱、食品用香料均可作饲料添加剂
黏结剂、抗结块剂和稳定剂 13 种(类)	淀粉、海藻酸钠、羧甲基纤维素钠、丙二醇、二氧化硅、硅酸钙、三氧化二铝、蔗糖脂肪酸酯、山梨醇酐脂肪酸酯、甘油脂肪酸酯、硬脂酸钙、聚氧乙烯 20 山梨醇酐单油酸酯、聚丙烯酸树脂Ⅱ
其他 10 种	糖萜素、甘露低聚糖、肠膜蛋白素、果寡糖、乙酰氧肟酸、天然类固醇萨洒皂角苷(YUCCA)、大蒜素、甜菜碱、聚乙烯聚吡咯烷酮(PVPP)、葡萄糖山梨醇

以下对营养性添加剂中的各种氨基酸、微量元素、维生素的理化性状、质量标准进行阐述;对非营养性添加剂酶制剂、活菌制剂、抑菌促生长剂、驱虫保健剂、饲料保存剂分别进行介绍。

2. 饲料添加剂应具备哪些基本条件?

第一,选用的添加剂和预混料应符合国家有关品种的要求,不得使用非推荐品种,并严格遵守该添加剂的剂量和使用规定。

第二,鸭在长期使用该添加剂时,不产生急、慢性毒害,对种鸭的繁殖性能和后代的生长发育无不良影响。

第三,选用添加剂必须考虑性价比,应有确实的生产效果和经济效益。既要考虑其价格,更要考虑其对鸭健康和生产效益的影

响。如某种添加剂比类似的一种价格高20%，但却可比廉价品对鸭的增重提高50%，两相权衡后应舍廉求贵。

第四，添加剂，特别是维生素在贮存过程中和在配合饲料加工贮藏中，应有较好的耐贮性和稳定性，不易遭受破坏。在鸭体内也应具有较好的稳定性。

第五，严格控制畜产品中添加剂的残留量，不能超过允许的标准范围，以免影响鸭产品的质量和人体健康，更不允许有危害人类健康的残留物存在。

第六，添加剂饲料中有毒重金属元素(如铅、镉、汞、砷等)的含量，不得超过允许含量。

第七，应有良好的适口性，在嗅觉和口感方面均不得出现异味，影响鸭的采食量。

第八，鸭体内添加剂代谢产物，在向外界环境排泄时，不能超过食品卫生和环境保护的相关规定，不得污染环境。

3. 赖氨酸的理化特性及质量标准是什么？

目前使用的多是L-赖氨酸盐酸盐，呈粉末状，色白或浅褐，无味或略带特殊气味，易溶于水，难溶于乙醇。L-赖氨酸盐酸盐中含有效L-赖氨酸为78.8%，市售L-赖氨酸的纯度在98.5%左右。使用时应将纯度和有效L-赖氨酸等因素综合考虑，可按下列公式确定用量：

L-赖氨酸盐酸盐添加量＝L-赖氨酸补充量÷98.5%÷78.8%。

化学分子式：$C_6H_{14}N_2O_2$

相对分子质量：146.19(按1995年国际相对原子量)

化学名称：2,6-二氨基已酸

饲料级L-赖氨酸盐酸盐质量标准为GB 8245—87，本标准适用于以淀粉、糖质为原料，经发酵提取制得的 L-赖氨酸盐酸盐。

饲料级 L-赖氨酸盐酸盐的品质应符合表 4-2 要求。

表 4-2　饲料级 L-赖氨酸盐酸盐标准

指标名称	指　标
含量(以 $C_6H_{14}N_2O_2 \cdot HCl$ 干基计)(%)	≥98.5
比旋光度	+18.0°～+21.5°
干燥失重(%)	≤1.0
灼烧残渣(%)	≤0.3
铵盐(以 NH_4^+ 计)(%)	≤0.04
重金属(以 Pb 计)(%)	≤0.003
砷(以 As 计)(%)	≤0.0002

4. 蛋氨酸的理化特性及质量标准是什么？

目前，配合饲料中广泛使用的蛋氨酸有两类，即 DL-蛋氨酸和 DL-蛋氨酸羟基类似物(液体)或其钙盐(固体)。

DL-蛋氨酸，呈结晶或粉末状，色白或浅黄，有特殊臭味，味微甜。市售 DL-蛋氨酸的纯度为 99%，是目前生产上使用最广泛的一种，使用时应参照赖氨酸的折算方法确定用量。

饲料级 DL-蛋氨酸质量标准为 GB/T 17810－1999。

适用范围：本标准适用于以甲硫基丙醛、氰化物、硫酸及氢氧化钠为主要原料生产的饲料级 DL-蛋氨酸。

化学分子式：$CH_3S-CH_2-CH_2-CH(NH_2)-COOH$($C_5H_{11}NO_2S$)

相对分子质量：149.2(按 1995 年国际相对原子量)

化学名称：2-氨基-4-甲硫基丁酸

质量要求外观为白色或浅黄色结晶或粉末状结晶。

(1)DL-蛋氨酸鉴别试验

①溶解性　本品微溶于水，溶于稀盐酸及氢氧化钠溶液，无旋光性。

②硫酸铜试验　称取试样25毫克，加1毫升饱和无水硫酸铜硫酸溶液，液体呈黄色表示样品是DL-蛋氨酸。

③亚硝基铁氰化钠试验　称取试样5毫克，加2毫升氢氧化钠溶液(1+5)，震荡混匀，加0.3毫升亚硝基铁氰化钠溶液(1+10)，充分摇匀，在35℃～40℃下放置10分钟，冷却加入10毫升盐酸溶液(1+10)，摇匀，溶液呈赤色，则表示该样品为DL-蛋氨酸。

(2)饲料级理化指标　表4-3要求。

表4-3　饲料级DL-蛋氨酸理化指标　(%)

项　目	指标要求
DL-蛋氨酸	≥98.5
干燥失重	≤1.0
氯化物(以NaCl计)	≤0.2
重金属(以Pb计)	≤0.002
砷(以As计)	≤0.0002

5. 色氨酸的理化特性及质量标准是什么？

常用的色氨酸有L-色氨酸和DL-色氨酸两种，L-色氨酸为结晶或结晶性粉末，色白或微黄，无臭味，味微苦，其生物学效价较高，DL-色氨酸的效价只是L-色氨酸效价的60%～80%。

本品微溶于水，在乙醇中极微溶解，不溶于氯仿，易溶于甲酸，能溶于氢氧化钠溶液或稀盐酸。

化学分子式：$C_{11}H_{12}N_2O_2$

相对分子质量：204.23(按 1995 年国际相对原子量)

化学名称：β-吲哚基丙氨酸

饲料级理化指标：表 4-4 要求。

表 4-4　饲料级 L-色氨酸理化指标　(%)

项　目	指标要求
L-色氨酸	≥98.5
干燥失重	≤1.0
氯化物(以 NaCl 计)	≤0.2
重金属(以 Pb 计)	≤0.002
砷(以 As 计)	≤0.0002

6. 使用氨基酸添加剂时应注意哪些事项？

(1)选对用准　在饲粮中添加氨基酸必须有针对性，即饲粮中缺什么补什么，缺多少补多少，切忌盲目添加，以免造成新的氨基酸不平衡，使高者愈高，缺者更缺。目前，可以添加的氨基酸主是几种限制性氨基酸，如赖氨酸、蛋氨酸、色氨酸等。

(2)生物活性　氨基酸的生物学活性直接影响着它的营养学效性。就现常用的人工合成氨基酸而论，人工合成的多为消旋晶体氨基酸，其分子结构多为 D 型和 L 型的复合物，简称 DL 型消旋体。而目前使用的氨基酸需要量标准，则是按 L 型氨基酸确定的。除 D 型蛋氨酸外，其他种 D 型氨基酸的生物活性均低于 L 型氨基酸，这在使用 DL 型商品氨基酸时，应充分考虑其生物活性，确保氨基酸的最大功效。

(3)应充分考虑商品原料中氨基酸的实际含量　注意氨基酸

添加剂原料的商品标示量和有效物的实际含量。例如，饲粮中添加的赖氨酸，多为 L-赖氨酸盐酸盐，而市售 L-赖氨酸盐酸盐的纯度为 98.5%，赖氨酸的含量只占 L-赖氨酸盐酸盐的 80%，据此推算赖氨酸的实际含量只有 78.8%（98.5%×80%=78.8%）。因此，用 L-赖氨酸盐酸盐添加，则应按赖氨酸需要添加量的 1.27 倍（100÷78=1.27）加入，才能保证添加的赖氨酸能满足需要。

(4)注意氨基酸的合理配比 饲粮中氨基酸主要指必需氨基酸之间的配比和必需氨基酸与非必需氨基酸之间的配比。氨基酸添加量合理才能保证饲料配方成本较低，鸭采食饲粮后的利用效率最高。研究发现，必需氨基酸与非必需氨基酸之间的比例为 1∶1.2 时，动物机体内蛋白质的合成作用最强。严格按照饲养标准中所拟定的各种氨基酸的需要量进行配比，最能实现合理配比。

7. 常用的微量元素添加剂有哪些种类？

常用的微量元素主要有铁、铜、锰、锌、钴、碘、硒，以其盐或氧化物的形式添加到配合饲料中，常用的各种微量元素盐或氧化物及该微量元素的含量列于表 4-5。

表 4-5 各种微量元素盐或氧化物的活性成分含量 （%）

元 素	化合物	化学式	微量元素含量
铁	七水硫酸亚铁	$FeSO_4 \cdot 7H_2O$	20.1
	一水硫酸亚铁	$FeSO_4 \cdot H_2O$	32.9
	碳酸亚铁	$FeCO_3 \cdot H_2O$	48.2
	三氯化铁	$FeCl_3 \cdot 6H_2O$	34.4
	氧化亚铁	FeO	44.1

续表 4-5

元素	化合物	化学式	微量元素含量
铜	五水硫酸铜	$CuSO_4 \cdot 5H_2O$	25.5
	一水硫酸铜	$CuSO_4 \cdot H_2O$	35.8
	碳酸铜	$CuCO_3$	51.4
	氯化铜(绿色)	$CuCl_2 \cdot 2H_2O$	37.3
	氧化铜	CuO	79.9
锰	五水硫酸锰	$MnSO_4 \cdot 5H_2O$	22.8
	一水硫酸锰	$MnSO_4 \cdot H_2O$	32.5
	氧化锰	MnO	77.4
	碳酸锰	$MnCO_3$	47.8
	氯化锰	$MnCl_2 \cdot 4H_2O$	27.8
锌	七水硫酸锌	$ZnSO_4 \cdot 7H_2O$	22.7
	一水硫酸锌	$ZnSO_4 \cdot H_2O$	36.4
	氧化锌	ZnO	80.3
	碳酸锌	$ZnCO_3$	52.1
	氯化锌	$ZnCl_2$	48.0
硒	亚硒酸钠	Na_2SeO_3	45.6
	硒酸钠	Na_2SeO_4	41.8
碘	碘化钾	KI	76.4
	碘酸钙	$Ca(IO_3)_2$	65.1
钴	七水硫酸钴	$CoSO_4 \cdot 7H_2O$	21.0
	六水氯化钴	$CoCl_2 \cdot 6H_2O$	24.4

8. 铁(Fe)的理化特性及质量标准是什么?

常用于补铁的化合物为硫酸亚铁,俗称绿矾或铁矾。硫酸亚铁含结晶水,分别含1、4、5和7个结晶水,最常用的是7水硫酸亚铁为浅蓝绿色柱状结晶,溶于水,微溶于醇,在干燥空气中易风化,潮湿可使硫酸亚铁氧化成棕黄色的碱式硫酸铁。

饲料级硫酸亚铁的质量标准(HG 2935—2000)。

(1)范围 本标准适用于一水或七水饲料级硫酸亚铁。该产品在饲料加工中作为铁的补充剂。

分子式:$FeSO_4 \cdot nH_2O$,n=1或7

相对分子质量:169.93(n=1),278.0(n=7)(按1997年国际相对分子质量)。

(2)分类 饲料级硫酸亚铁分为一水硫酸亚铁和七水硫酸亚铁两类。

(3)要求 外观要求一水硫酸亚铁为灰白色粉末,七水硫酸亚铁为蓝绿色结晶。

饲料级硫酸亚铁应符合表4-6要求。

表4-6 饲料级硫酸亚铁质量指标 (%)

项 目	一水硫酸亚铁	七水硫酸亚铁
	($FeSO_4 \cdot H_2O$)	($FeSO_4 \cdot 7H_2O$)
硫酸亚铁含量	≥91.0	≥98.0
铁(Fe)含量	≥30	≥19.7
铅(Pb)含量	≤0.002	≤0.002
砷(As)含量	≤0.0002	≤0.0002

9. 铜(Cu)的理化特性及质量标准是什么?

补铜的化合物有硫酸铜、氧化铜、氯化铜、碳酸铜等,目前使用较多的是硫酸铜。硫酸铜俗称:蓝矾、胆矾、蓝石、铜矾,是可溶性铜盐,常见的形态为其结晶体。市售五水硫酸铜为深蓝色块状结晶或蓝色结晶粉末,有毒、无臭、带有金属涩味,溶于水及氨水,微溶于甲醇,不溶于无水乙醇,水溶液呈弱酸性反应。干燥空气中会缓慢风化。

饲料级硫酸铜的质量标准(HG 2392—1999)。

(1)范围 本标准适用于饲料级硫酸铜,该产品经预处理后作为铜的补充剂。

分子式:$CuSO_4 \cdot 5H_2O$

相对分子质量:249.68(按1995年国际相对分子质量)

(2)要求 外观浅蓝色结晶固体。

饲料级硫酸铜应符合表4-7要求。

表4-7 饲料级硫酸铜质量指标 (%)

项 目	指 标
硫酸铜($CuSO_4 \cdot 5H_2O$)含量	≥98.5
硫酸铜(以Cu计)含量	≥25.06
水不溶物含量	≤0.2
砷(As)	≤0.0004
铅(Pb)含量	≤0.001
细度(通过800微米试验筛)	≥95

注:未经预处理的产品细度可不作要求

(3)应用 杂质及游离硫酸含量不可太高,长期贮存易产生结

块现象。铜会促进不稳定脂肪氧化而产生酸败，同时破坏维生素，配制时应注意。本品长期接触可引发接触性皮炎和鼻、眼刺激，操作时应避免眼、皮肤的接触及吸入体内。

10. 钴(Co)的理化特性及质量标准是什么？

可用于补充钴的化合物有硫酸钴、氯化钴、氧化钴、碳酸钴和硝酸钴等几种，鸭都易吸收。目前使用较多的是氯化钴和硫酸钴。氯化钴又称二氯化钴，其无水氯化亚钴呈蓝色，含6结晶水的六水氯化钴($CoCl_2 \cdot 6H_2O$)为红紫色，无水氯化钴具吸湿性，有水氯化钴具潮解性。

(1)产品质量标准 饲料级氯化钴的质量标准(GB 8255—87)：本标准适用于以含钴原料与盐酸反应生成的氯化钴。本品在饲料加工中作为钴的补充剂。

分子式为：$CoCl_2 \cdot 6H_2O$

相对分子质量：237.93(按1983年国际原子量)。

(2)技术要求

外观：红色或红紫色结晶。

饲料级氯化钴应符合表4-8的要求。

表4-8 饲料级氯化钴的质量指标 (%)

项　目	指　标
六水氯化钴($CoCl_2 \cdot 6H_2O$)	≥98.0
氯化钴(以Co计)	≥24.3
水不溶物	≤0.03
砷(As)	≤0.0005
铅(Pb)	≤0.001
细度(通过800微米试验筛)	≥95

11. 锌(Zn)的理化特性及质量标准是什么?

配合饲料中常用的锌盐为硫酸锌和氧化锌2种。

(1)硫酸锌 根据其化学结构有一水硫酸锌和七水硫酸锌2种,前者为白色粉末,后者为无色结晶,均无臭。七水硫酸锌俗称皓矾,易溶于水,水溶液呈酸性,也溶于乙醇和甘油。纯硫酸锌在空气中久贮时不会变黄,置于干燥空气中会风化失水生成白色粉末。

化学分子式:($ZnSO_4 \cdot 7H_2O$)

相对分子质量:287.53(按1983年国际原子量)

产品质量标准:根据饲料级硫酸锌的质量标准(HG 2934—2000)规定饲料级硫酸锌的技术指标,如表4-9所示。

表4-9 饲料级硫酸锌的质量指标 (%)

指标	Ⅰ类	Ⅱ类
	($ZnSO_4 \cdot H_2O$)	($ZnSO_4 \cdot 7H_2O$)
硫酸锌含量	≥94.7	≥97.3
锌(Zn)含量	≥34.5	≥22.0
砷(As)含量	≤0.0005	≤0.0005
铅(Pb)含量	≤0.002	≤0.001
镉(Cd)含量	≤0.003	≤0.002
细度(通过250微米试验筛)	≥95	≥95
细度(通过800微米试验筛)	≥95	≥95

(2)氧化锌 白色六角晶体或微黄色细微粉末,无气味,不溶于水、乙醇,溶于酸、氢氧化钠水溶液、氯化铵。大量吸入氧化锌粉尘可阻塞皮脂腺管和引起皮肤丘疹、湿疹。

化学分子式:ZnO

相对分子质量:81.37(按1983年国际原子量)

产品质量标准：饲料级氧化锌的质量标准（HG 2792—1996）。

饲料级氧化锌的技术指标，如表 4-10 所示。

表 4-10　饲料级氧化锌的质量指标　（%）

项　目	指　标
氧化锌（ZnO）含量	≥95.0
氧化锌（以 Zn 计）含量	≥76.3
铅（Pb）含量	≤0.005
镉（Cd）含量	≤0.001
砷（As）含量	≤0.001
细度（通过 150 微米试验筛）	≥95

12. 锰（Mn）的理化特性及质量标准是什么？

补锰化合物中使用最多的是硫酸锰，又称硫酸亚锰。为淡粉红色结晶或结晶性粉末，无臭，味微苦，易溶于水，不溶于乙醇。高温多湿环境下，易潮解，贮存时间太长会发生结块。

化学分子式：$MnSO_4$

相对分子质量：151.00（按 1983 年国际原子量）

产品质量标准：饲料级硫酸锰的质量标准（GB 8253—87）。

饲料级硫酸锰的技术指标，如表 4-11 要求。

表 4-11　饲料级硫酸锰的质量指标　（%）

项　目	指　标
硫酸锰（$MnSO_4 \cdot H_2O$）	≥96.0
锰（Mn）	≥31.0

续表 4-11

项　目	指　标
砷(As)	≤0.0005
重金属(以 Pb 计)	≤0.0015
水不溶物	≤0.05
细度(通过 250 微米试验筛)	≥95

13. 碘(Ⅰ)的理化特性及质量标准是什么?

配合饲料中常用的碘盐为碘化钾和碘酸钙 2 种。

(1)碘化钾　碘化钾为无色或白色立方晶体或白色结晶性粉末,无臭,具苦味及碱味。极易溶于水、乙醇、丙酮和甘油,水溶液遇光变黄,并析出游离碘。

化学分子式:KI

相对分子质量:166.01

产品质量标准:饲料级碘化钾的质量标准(GB 8256—87)。

饲料级碘化钾的技术指标,如表 4-12 要求。

表 4-12　饲料级碘化钾的质量指标　(%)

项　目	指　标
碘化钾(KI)	≥99.0
碘(I)	≥76.0
砷(As)	≤0.0005
重金属(以 Pb 计)	≤0.001
水不溶物	≤0.05

(2)碘酸钙　碘酸钙为白色结晶或结晶性粉末,无臭或有轻

微特殊臭味，难溶于水。饲料级碘酸钙的技术指标，如表 4-13 要求。

表 4-13 饲料级碘酸钙的质量指标 （%）

项 目	指 标
碘酸钙[$Ca(IO_3)_2$]	≥95.0
碘(I)	≥65.0
砷(As)	≤0.0005
重金属(以 Pb 计)	≤0.001
水不溶物	≤0.05

14. 硒(Se)的理化特性及质量标准是什么？

配合饲料中添加的硒盐主要为亚硒酸钠和硒酸钠两种，亚硒酸钠的生物利用率高于硒酸钠。

(1)亚硒酸钠 为白色结晶性粉末，亚硒酸钠的含量不得小于 97%，氯化物和硝酸盐的含量应在 0.01%以下。可含有 5 个结晶水，在空气中稳定，在干燥空气中可失去水分。溶于水，不溶于乙醇。理论含硒量 45.7%。

化学分子式：Na_2SeO_3

相对分子质量：172.94

产品质量标准：饲料级亚硒酸钠的质量指标（HG 2937—1999）。

饲料级亚硒酸钠的质量指标，如表 4-14 要求。

表 4-14 饲料级亚硒酸钠的技术参考指标 （%）

项　目	指　标
亚硒酸钠（Na_2SeO_3）含量以干基计，%	≥98.0
亚硒酸钠（以 Se 计）含量以干基计，%	≥44.7
干燥减量，%	≤1.0
溶解试验	全溶，清澈透明
硒酸盐及硫酸盐含量，%	≤0.03

(2)硒酸钠　白色晶体，易溶于水，有潮解性。

化学分子式：$Na_2SeO_4 . 10H_2O$

相对分子质量：369.09

硒的毒性较大，安全用量和致毒量之间的距离较小，混合不匀即可引起中毒，为确保安全，应在使用时预先将其与稀释剂和载体混合，配成1%的预混剂，然后再添加到配合料中。

15. 如何正确使用脂溶性维生素？

(1)维生素 A 添加剂　维生素 A 为板条状黄色结晶，溶于脂肪和脂肪溶剂，不溶于水。维生素 A 添加剂性质极不稳定，经过酯化，并加入抗氧化剂，包被后制成颗粒可有效防止维生素 A 被氧化破坏。目前市售维生素 A 多为维生素 A 乙酸酯和维生素 A 棕榈酸酯。

尽管维生素 A 经过酯化、包被等处理，但生物活性仍不稳定，在高温、潮湿以及有微量元素和脂肪酸败的情况下，维生素 A 的破坏速度加快。维生素预混料在单独存放的情况下，估计每月仍有 0.5%～1%的损失；若与矿物质饲料混合存放其损失将高达 2%～5%；温度也可导致维生素 A 的损失，当室温达 24℃～38℃

时，维生素 A 每月损失 5%～10%。因此，维生素 A 添加剂宜存放在密闭、避光、干燥、室温（20℃左右）相对稳定的条件下。可见，在添加维生素 A 时应充分考虑保存时间、保存环境以及鸭所处的外部环境和生产状况，再给予一个安全系数的供应量。

(2)维生素 D 添加剂 为奶油色细粉，市售商品维生素 D 添加剂为维生素 D_3 微粒和维生素 A/D_3 微粒添加剂，其商品中维生素 D_3 通常是用胆钙化醇乙酸酯制成，商品中维生素 D_3 的含量有 50 万单位/克、40 万单位/克、30 万单位/克等 3 种规格。

酯化后的维生素 D_3，再用明胶、糖和淀粉包被，可显著提高其稳定性，但多种微量元素和酸败的脂肪，以及高温可加快其破坏程度，对其稳定性仍有极大影响。

(3)维生素 E 添加剂 市售维生素 E 为经稳定化处理过的白色或浅黄色粉末，常用的 DL-α 生育酚单体中，有效成分含量为 50%。维生素 E 的稳定性较强，贮存在干燥、避光、室温 25℃以下的环境中，可保质 12 个月，在 45℃的环境中仍可保存 3～4 个月而不被破坏，但在不遮光和潮湿环境中则易遭破坏。

(4)维生素 K 添加剂 作为维生素 K 添加剂使用的是化学合成的水溶性的维生素 K_3 类产品，其活性成分为甲萘醌衍生物，主要有亚硫酸氢钠甲萘醌，其活性成分为 50%；亚硫酸氢钠甲萘醌复合物，其活性成分为 25%；亚硫酸嘧啶甲萘醌，其活性成分为 22.5%等 3 种。同样，维生素 K 对湿热和与微量元素共存放时易失效，在制作颗粒饲料时由于高温处理维生素 K 易遭破坏，在室温 20℃以下可保质 12 个月。

16. 如何正确使用水溶性维生素？

(1)维生素 B_1（硫胺素）添加剂 市售维生素 B_1 添加剂有盐酸硫胺素和单硝酸硫胺素 2 种，有效成分含量一般在 96%以上。对

热、氧化剂、还原剂较敏感，正常情况下月损失率1%～2%，在pH 3.5的酸性环境中最适合保藏。

①盐酸硫胺素　为白色结晶粉末，微臭，易吸潮，约含5%的水分。本品在空气中较稳定，未开包的盐酸硫胺素存放于干燥、避光、室温在25℃以下的地方，可保质12个月。

②单硝酸硫胺素　为白色或微黄色结晶粉末，本品在空气中稳定，对潮湿比盐酸硫胺素稳定，未开包的单硝酸硫胺素存放于室温25℃以下的地方，可保质12个月。

(2)维生素 B_2(核黄素)添加剂　为橙黄色结晶性粉末；微臭，味微苦；溶液易变质，在碱性溶液中或遇光变质更速。在水、乙醇、氯仿或乙醚中几乎不溶；在稀氢氧化钠溶液中溶解。市售商品维生素 B_2 添加剂中核黄素含量有98%、96%、80%等3种规格。未开包的维生素 B_2 存放于室温25℃以下的地方，可保质12个月。

(3)维生素 B_6 添加剂　包括吡哆醇、吡哆醛、吡哆胺3种，为无色晶体，易溶于水及乙醇，在酸液中稳定，在碱液中易破坏。其商品形式为盐酸吡哆醇制剂，活性成分含量为98.5%以上。本品对空气和热较稳定，易受光与潮湿的破坏，未开包的维生素 B_6 存放于室温25℃以下的地方，可保质12个月。

(4)维生素 B_{12}(氰钴维生素)添加剂　为红色、粉红色结晶，市售商品常将维生素 B_{12} 用玉米淀粉或碳酸钙稀释，有分别含维生素 B_{12} 0.1%、1%、2% 3种稀释商品。本品在弱酸中较稳定，而与高浓度氯化胆碱混合，或遇碱、阳光、氧化剂、还原剂等因素，可促使维生素 B_{12} 加速分解。存放期易降低活性，每月损失1%～2%，在粉状配合饲料中较稳定。未开包的维生素 B_{12} 存放于室温25℃以下的地方，可保质12个月。

(5)泛酸添加剂　呈黄色黏稠油状，市售商品形式为D-泛酸钙，活性成分一般为98%。D-泛酸钙为白色粉末，空气和光稳

定，干热及在酸、碱溶液中易被破坏，潮湿环境也会降低其活性。未开包的维生素 B_6 存放于室温 25℃以下的地方，可保质 12 个月。

(6)烟酸添加剂 是较稳定的维生素之一，不易被热、氧、光、碱、酸破坏。市售商品有烟酸（尼克酸）和烟酰胺两种形式，烟酰胺经酸或碱处理后可水解成烟酸，二者具有相同的活性。烟酸是所有维生素中最稳定的一种，不易被理化因素破坏，商品添加剂的活性成分含量为 98%～99.5%。

①烟酸 市售商品为白色至微黄色粉末，未开包的烟酸存放于室温 25℃以下的地方，可保质 12 个月。

②烟酰胺 市售商品为白色至微黄色粉末，未开包的烟酰胺存放于室温 25℃以下的地方，可保质 12 个月。

(7)生物素（维生素 H）添加剂 为无色的针状结晶，微溶于冷水，能溶于乙醇，但不溶于有机溶剂。市售生物素商品中含 d-生物素 1%或 2%，在标签上一般标注 H-1、H-2 或 F1、F2 以示区别。本品对热和空气较稳定，在一般情况下不受酸碱的影响而分解，易被光和高温破坏。在正常情况下贮存，每月损失不超过 1%。未开包的生物素存放于室温 25℃以下的地方，可保质 12 个月。

(8)叶酸添加剂 市售商品活性成分含量在 95%以上。本品对空气稳定，遇水、磺胺药剂、阳光、高温、紫外线等可使叶酸溶液失去活性，碱性溶液容易被氧化，在酸性溶液中对热不稳定，故应遮光，密封保存。未开包的叶酸存放于室温 25℃以下的地方，可保质 12 个月。

(9)胆碱添加剂 市售胆碱有液态氯化胆碱（含活性成分 70%）和粉状氯化胆碱（含活性成分 50%）2 种，目前用得最多的为后者。粉状氯化胆碱是液态氯化胆碱加吸附剂（如玉米芯粉或脱脂米糠）吸附后，再经粉碎的粉末，产品细度小于 0.5 毫米。产品耐热，在加工过程中的损失很少，干燥环境下，即使很长时间贮存，饲粮中胆碱含量也几乎没有变化。极易吸潮，碱性较强，对脂溶性维生素有破坏作用，不能与其他维生素长期混合存放。

(10)维生素C(抗坏血酸)添加剂　呈酸性，常见的市售商品有抗坏血酸钠、抗坏血酸钙以及包被的高稳定性维生素C。具有较强的还原性，加热或在溶液中易氧化分解，在碱性条件下更易被氧化。未开包的维生素C存放于室温25℃以下的地方，可保质6个月。

17. 影响维生素需要量的不利因素有哪些？

维生素需要量的确定受许多不利因素的影响，为了便于掌握将这些不利因素归纳于表4-15中。

表4-15　各种不利因素对维生素需要量的影响

因　素	受影响的维生素	需要量的增加
饲料成分	所有维生素	提高10%～20%
环境温度	所有维生素	提高20%～30%
舍饲笼养	B族维生素、维生素K	提高40%～80%
未稳定的脂肪	维生素A、D、E、K	提高100%
球虫、蛔虫、线虫	维生素A、K及其他	提高100%或更多
亚麻籽饼(粕)	维生素B_6	提高50%～100%
疾　病	维生素A、E、K、C	提高100%或更多
应　激	维生素A、D、E、K、C、B_2、B_3、B_{12}	提高30%～100%或更多

18. 影响维生素预混剂在全价配合饲料中的稳定性有哪些因素?

维生素预混剂在贮存过程中常受一些因素的影响,而改变其稳定性,为了便于掌控破坏稳定性的诸多因素,采取必要的预防措施,现将这些因素归纳于表 4-16。

表 4-16　维生素预混剂在全价配合饲料中的稳定性

维生素种类	稳定性
维生素 A（醋酸酯、棕榈酸酯）	取决于贮存条件,在高温、潮湿、微量元素作用和脂肪酸败情况下,稳定性的破坏加快
维生素 D_3	类似维生素 A 的情况
维生素 E	a-生育酚醋酸酯在添加剂预混料中,在 45°C 条件下,可保存 3～4 个月,在全价配合饲料中可保存 6 个月
维生素 K_3	取决于贮存条件,在添加剂预混料中对水分、微量元素、pH 和高温敏感;在粉状全价配合饲料中相当稳定;在制粒过程中有损失;经稳定化处理,可使损失减半
维生素 B_1	每月损失 1%～2%,单硝酸硫胺素形式的维生素 B_1 添加剂比盐酸硫胺素形式的稳定;对热、氧化剂和还原剂敏感;理想的 pH 值为 3.5
维生素 B_2	在妥善贮存条件下全年只有 1%～2%的损失;还原剂(硫酸亚铁、维生素 C)和碱降低稳定性
维生素 B_6	正常损失每月不到 1%,在 pH 值＞6.0 时对光和热敏感,但很少发生稳定性问题
维生素 B_{12}	正常损失每月为 1%～2%,在高浓度氯化胆碱、还原剂和强酸性条件下逐渐分解,在粉状全价配合饲料中极稳定

续表 4-16

维生素	稳定性
泛　酸	关于稳定性的报道很少，正常条件下每月损失不到 1%，在高湿、热和酸性环境条件下，损失较大
胆　碱	在添加剂预混料中和在饲料中极稳定
烟　酸	关于稳定性的报道很少，正常损失每月不到 1%
叶　酸	在粉料中稳定，对光敏感，pH 值＞5.0 时稳定性差：在氯化胆碱和微量元素存在的添加剂预混料中不稳定
生物素	关于稳定性问题的报道很少，正常情况下每月损失不到 1%
维生素 C	在室温条件下贮存 4～8 周损失可达 10%，对水分、光线、制粒过程和微量元素敏感

19. 什么是酶制剂？有哪些生物学功效？

动植物和微生物体内的活细胞，具有产生特殊催化活性的一类蛋白质，称之为酶。将酶从生物体内提取出来，制成的产品就是酶制剂。一切对蛋白质活性有影响的因素都影响酶的活性。酶与底物作用的活性，受温度、pH 值、酶液浓度、底物浓度、酶的激活剂或抑制剂等许多因素的影响。

动物由于生理或是病理因素的影响，体内某种酶缺乏或分泌不足，无法对饲料中营养物质进行充分的消化吸收，只有借助外源酶才可以帮助动物进行消化吸收，提高对饲料的利用率，有助于动物的健康和生产性能的提高。在饲料中添加酶制剂有多种作用，例如消除饲料中抗营养因子、补充内源酶的不足、激活内源酶的分泌、降低食糜黏度，从而提高饲料的消化率、吸收率，充分利用饲料

营养成分，降低饲养成本。使用酶制剂可以充分消化吸收饲料中的养分，降低有机质、氮、磷等物质的排泄量，减少对环境的污染。酶制剂是一种安全的饲料添加剂，无毒副作用，不影响动物产品的品质。目前，畜牧业应用较多的5类酶是蛋白酶、淀粉酶、植酸酶、脂肪酶和非淀粉多糖酶(包括β-葡聚糖酶、α-淀粉酶、纤维素酶、果胶酶)。现在酶制剂正由单一型转向复合型，多种酶搭配使用，起到互补作用，效果更加显著。因此，配合饲料中多添加以淀粉酶、蛋白酶为主的复合酶，促进营养物质的消化和吸收，消除营养不良和减少腹泻的发生。添加酶制剂时应充分考虑饲料的组成成分，根据饲料的组成添加不同的酶制剂。例如，在粗纤维含量高的日粮中添加纤维素酶，在木聚糖含量高的日粮中添加木聚糖酶。

(1)植酸酶 植酸酶可以解除植酸的抗营养作用，使无机磷的用量大幅度减少，降低饲料成本；显著降低鸭粪便排泄物中磷的含量，减少了磷对环境的污染；提高饲料中矿物元素，如钙、锌、铜、镁和铁等的生物学利用率；增加饲料中蛋白质、氨基酸、淀粉和脂质等营养物质的利用率；提高动物采食量和日增重，改善动物生产性能。

(2)蛋白酶、淀粉酶、脂肪酶 蛋白酶的种类很多，重要的有胃蛋白酶、胰蛋白酶、组织蛋白酶、木瓜蛋白酶和枯草杆菌蛋白酶等。蛋白酶对所作用的反应底物有严格的选择性，一种蛋白酶仅能作用于蛋白质分子中一定的肽键，如胰蛋白酶催化水解碱性氨基酸所形成的肽键。蛋白酶制剂的作用是将饲料中蛋白质，在鸭的消化道分解成寡肽和氨基酸，被鸭吸收；淀粉酶又称糖化酶，是指能使淀粉和糖原水解成糊精、麦芽糖和葡萄糖的酶的总称。一般作用于可溶性淀粉、直链淀粉、糖原等α-1,4-葡聚糖，水解α-1,4-糖苷键的酶。脂肪酶是广泛存在的一种酶，在脂质代谢中发挥着重要的作用。脂肪酶可将饲料中的脂肪，在消化道分解成甘油和脂肪酸，鸭经肠壁吸收。

(3)纤维素酶、果胶酶、β-葡聚糖酶、木聚糖酶 纤维素酶和果胶酶能破坏富含纤维素和果胶的植物细胞壁，使细胞壁包裹的淀粉、蛋白质、矿物质释放出来被鸭消化吸收，还可将纤维素和果胶分解成单糖及挥发性脂肪酸，在鸭肠道中被吸收。β-葡聚糖酶和木聚糖酶能明显降低谷物饲料中抗营养碳水化合物的黏稠度，提高脂肪和蛋白质的消化利用率，提高饲粮的能值和适口性。

20. 什么是活菌制剂？有哪些生物学功效？

生物活菌制剂指的是以特定(有益)微生物活菌数量为质量指标的微生物活菌产品。活菌制剂(包括微生态制剂、促生素、益生素、生菌剂、微生物制剂等)是一类有利于饲料营养物质消化吸收，提高饲料利用率，抑制动物肠道有害微生物活动与繁殖的、具有活性的有益微生物群落，能调节畜禽消化道的微生态平衡，维护养殖环境的清洁卫生，降低养殖成本，促进鸭的健康生长，所以说活菌制剂在养殖业上有良好的应用前景。

我国农业部目前公布的饲料微生物添加剂的生产用菌共有17种，包括：地衣芽孢杆菌、枯草芽孢杆菌、凝结芽孢杆菌、侧孢芽孢杆菌、两歧双歧杆菌、粪肠球菌、屎肠球菌、乳酸肠球菌、嗜酸乳杆菌、干酪乳杆菌、乳酸乳杆菌、植物乳杆菌、乳酸片球菌、戊糖片球菌、产朊假丝酵母、酿酒酵母、沼泽红假单孢菌。

使用活菌制剂时应注意，活菌制剂对消化系统不健全的幼年鸭，效果更明显，应尽早使用；正确选择适合的活菌制剂，不同种类、不同年龄和生理状态的鸭都有各自的特点，应根据这些特点和要达到的目的，有针对性地选准适用的微生物种类，一经选准即应长期连续使用；不能与抗生素、杀菌药、消毒药和具有抗菌作用的中草药同时使用；使用活菌制剂前应检查制剂中活菌的活力和数量以及保存期；保存的温度过高或生产颗粒配合饲料时的温度较高，

都会导致活菌失活；患病的鸭一般不使用活菌制剂，在鸭发生应激之前及之后的2～3天使用效果较好，如运输、搬迁、更换饲料等。

21. 什么是抑菌促生长剂？有哪些生物学功效？

抑菌促生长剂包括抗生素、磺胺类、呋喃类、喹噁啉类、砷制剂等，其主要作用在于抑制动物机体内有害微生物的繁殖与活动，增强消化道的吸收功能，提高动物对饲料营养物质的利用效果，促进动物生长。化学合成的抗菌剂为单一化合物，不含有促生长活性物，故大多数抗菌剂促生长效果差或没有促生长作用，且毒性强，长期使用多有不良反应，存在残留与耐药性问题，有的甚至有致癌，致畸、致突变作用。因此，抗菌剂应用于饲料多是短期添加用作防治疾病、驱虫等保健剂，仅有少数毒性低、副作用小、促生长效果好的抗菌剂用作动物生长促进剂以低剂量、较长时期应用于饲料中。如喹乙醇、硝呋烯腙、对氨基苯胂酸及其钠盐、羟硝苯胂酸等。我国仅批准喹乙醇用作猪、鸡抑菌促生长剂使用，其他抗菌剂在兽医指导下，短期应用于饲料以防治疾病、驱虫。

(1)抗生素类 抗生素除用于动物的防病治病外，也可作为动物的生长促进剂。抗生素的使用，一定要按照国家或行业的规定及标准使用。应选择安全性高，且不与人医临床共用，而属动物专用，且吸收和残留少，无“三致”副作用，不产生抗药性的品种。我国目前允许用作饲料添加剂的抗生素，主要有杆菌肽锌、土霉素、硫酸黏杆菌素、恩拉霉素、维吉尼霉素、泰乐菌素、北里霉素等。使用时应严格控制用量和使用对象，不要长期使用同一抗生素，确定使用期限。

(2)磺胺类 这类抗菌剂的一部分，添加于饲料有较好的抗菌、驱虫效果，有一定的促生长作用。但由于有不良反应(对肾脏有影响)和普遍的耐药性，目前主要用于短期预防和治疗，某些细菌性疾病和驱虫，仅有少数几种，如磺胺二甲基嘧啶(SM_2)、磺胺噻唑(ST)等毒性小的与其他抗生素(如泰乐霉素、金霉素、青霉素等)合用，低剂量添加于饲料中较长时期饲喂，以预防疾病，促进生长，提高饲料利用率。

(3)呋喃类 此类用于抑菌促生长，添加于饲料的主要有呋喃烯腙。广泛应用于猪、禽饲料，预防疾病，促生长。呋喃西林毒性大、不良反应大，目前已不作促生长剂使用。

(4)喹噁啉类 为一类喹噁啉-N-1，4-二氧化合物的衍生物。这类抗菌剂具有较好的促生长，提高饲料效率的作用。对革兰阴性菌、阳性菌都有活性，同时对氮有滞留作用和蛋白质同化作用，故对改善饲料转化率和促生长有显著效果。曾有多种用作生长促进剂，但有的因有致癌作用，如 Ouindoxin，卡巴多(Carbadox)已被许多国家禁止使用。目前仍广泛用作畜禽抑菌促生长剂的主要是喹乙醇。卡巴多、乙酰甲喹(Maquindox)还常用于畜禽防治肠炎和腹泻。

(5)有机砷制剂 有机砷制剂具有很好的刺激生长，降低料耗的作用。有较广的抗菌活性，对多种肠道疾病致病菌有较强的抑菌或杀菌能力，对肠道寄生虫等也有一定抑制作用。因此，用作饲料添加剂对预防幼龄动物肠道感染引起的腹泻效果显著。

22. 什么是驱虫保健剂？有哪些生物学功效？

驱虫保健剂主要用于，防治鸭寄生虫感染，驱除鸭体内的寄生虫，提高饲料利用率，促进鸭生长。禽类极易感染球虫，危害极大。所以，就家禽而言主要使用抗球虫药物，在其配合饲料中常添加抗球虫剂，特别是2～8周龄的幼禽。

(1)驱蠕虫类 越霉素A、潮霉素B、左旋咪唑、丙硫咪唑、吡喹酮、阿维菌素、依维菌素、噻嘧啶等，都是当前使用较多，且有效

的驱蠕虫药。

(2)驱球虫类 驱球虫药的种类较多，现今使用较多的有盐霉素、莫能霉素、氨丙啉、马杜拉霉素、地克珠利、氯苯胍、硝苯酰胺类抗球虫药（主要有硝苯酰胺、硝氯苯酰胺、二硝苯甲酰胺等）、杀虫灵、尼卡巴嗪、氯羟吡啶、拉沙洛西钠等。球虫可产生耐药虫株，且耐药性可遗传，所以在使用抗球虫药时应交叉轮流用药，以保证药物的使用效果。

实践证明采用以下方式用药效果较好，①轮换式用药，一种抗球虫药连续使用一段时间后，改换用另一种抗球虫药；②穿梭式用药，在肉鸭或蛋鸭不同生长发育阶段，分别使用不同的抗球虫药；③在抗球虫药的用量上，前期用量少于后期用药量，预防量不能任意加大，否则效果不佳。

23. 什么是饲料保存剂？有哪些生物学功效？

为了防止饲料中养分被氧化酸败或霉变，而导致饲料品质下降，可在饲料中添加饲料保存剂，常用的保存剂有抗氧化剂和防霉剂两类。

(1)抗氧化剂 为了防止饲料中脂肪酸败和某些维生素（如维生素 A、维生素 D）在空气中被氧化，引起其营养价值降低，需要向配合饲料和添加剂预混料中添加抗氧化剂，以延缓或防止脂肪自动氧化引起的酸败变质和生物效价降低。常用的抗氧化剂有乙氧基喹啉（山道喹 EMQ）、二丁基羟基甲苯（BHT）、丁基羟基茴香醚（BHA）、没食子酸丙酯以及维生素类抗氧化剂（维生素 E 和维生素 C），前三者使用最普遍。

(2)防霉剂 防霉剂是一类能抑制霉菌繁殖，防止饲料发霉变质的有机化合物。应用较多的防霉剂为丙酸及其盐类（如丙酸钠、丙酸钙）。其他有机酸如山梨酸、柠檬酸、苯甲酸、乙酸、富马酸及其盐类(如双乙酸钠、柠檬酸钠)也常用做防霉剂。防霉剂在饲料中的添加量常随饲料中的含水量和贮存时间而异,当饲料中含水量在12%及其以下时,可不添加防霉剂;若含水量超过12%时,即应添加防霉剂,且其添加量应随含水量的增加而逐步增加。在家禽饲料中丙酸的添加量一般为0.2%~0.45%,当饲料含水量特别高时可提高到1%。饲料中丙酸钠的添加量为0.1%,丙酸钙为0.2%,如果保存时间较长,则应增加添加量。目前多采用几种防霉剂按比例混合的混合物,可提高防霉防腐的效果。

24. 饲料原料中有哪些抗营养因子和难以消化的成分?

饲料原料中的抗营养因子及难以消化的成分较多,现归纳列于表4-17,以利于配制饲料时参考。

表4-17　饲料原料中的抗营养因子及难以消化的成分

饲料原料	抗营养因子或难以消化的成分
小　麦	β-葡聚糖、阿拉伯木聚糖、植酸盐
大　麦	阿拉伯木聚糖、β-葡聚糖、植酸盐
黑　麦	阿拉伯木聚糖、β-葡聚糖、植酸盐
麸　皮	阿拉伯木聚糖、植酸盐
高　粱	单　宁
米　糠	木聚糖、纤维素、植酸盐
豆　粕	蛋白酶抑制因子、果胶、果胶类似物、α-半乳糖苷低聚糖及杂多糖
菜籽粕	单宁、芥子酸、硫代葡萄糖苷

续表 4-17

饲料原料	抗营养因子或难以消化的成分
羽　毛	角蛋白
旱　稻	木聚糖、纤维素
燕　麦	β-葡聚糖、木聚糖、植酸盐

25. 怎样正确使用非营养性添加剂？

非营养性添加剂种类繁多具有提高饲料利用率，防止疾病感染，增强抵抗力，杀害或控制寄生虫，提高成活率，改善畜禽产品品质，防止饲料发霉变质，保护维生素效价，或提高适口性，增强食欲等功效。如若使用不当则可能适得其反，不仅危害鸭的健康，降低生产率，甚至破坏生态环境，损害人类健康，故在使用非营养性添加剂时应严格遵守有关规定。下面就使用较多、危害较大的抗生素为例，阐述其使用注意事项。

针对抗生素添加剂使用中存在的安全隐患，应采取以下措施以确保抗生素添加剂的高效、无公害使用。

(1)合理选用抗生素　抗生素的种类众多，其效果与不良作用亦不尽相同，合理选用抗生素是提高使用效率的关键。抗生素选用不当还会危及人类，故应严格按国家规定选用无公害抗生素品种。选用的抗生素应对病原微生物高度敏感、抗病原活性强、临床疗效好、化学性质稳定、不良反应少、毒性低、安全范围大，而无致突变、致畸变及致癌变等副作用的抗生素添加剂品种。

(2)科学轮换、交叉用药　同一环境长时间使用一种抗生素，可降低促生长效果，并产生耐药性。若采用轮换用药、穿梭用药以及综合用药等方式，则可显著提高用药效果，降低耐药性。所谓轮换用药就是将几种抗生素，在一段时间内轮换使用。一般多采用3种以上药物轮换，用于轮换的药物相互之间不能有交叉耐药性（如土霉素与金霉素及四环素之间存在交叉耐用性）。穿梭用药是在鸭的各个生长阶段使用不同的药物，例如小鸭使用黄霉素（无残留、毒性小），中鸭使用泰乐菌素（残留少、毒性小），大鸭使用杆菌肽锌（不易产生交叉耐用性，残留少）。轮换用药和穿梭用药结合使用即称为综合用药，这种方式能较好地提高使用效果，降低不良作用。制订用药方案还应结合鸭的品种、不同生理阶段的特点、饲养环境、季节等因素综合考虑。

(3)合理配伍 科学合理地联合使用抗生素，提升协同作用和相加作用，可增强使用效果，减弱毒性反应和延缓或减少耐药菌株的产生。根据抗生素的作用方式和疗效，可分为三类：①繁殖期杀菌药，如青霉素类、杆菌肽锌等。②静止期杀菌药，如氨基糖苷类、多黏菌素（B和E等）。③快效抑菌药，如四环素类、氯霉素类和红霉素类等。第一类和第二类合用，可获得协同作用；第二类和第三类合用，可获得协同作用或累加作用。幼雏和病弱鸭联用抗生素可增强抵抗力，而健康鸭可不联用抗生素，一般使用一种即能收到促进生长的效果。

但也应注意配伍禁忌，应了解选用的这些药物之间有无拮抗作用和无关作用。有些抗生素联合使用会降低使用效果，就是因为它们存在着配伍禁忌，如氨丙啉与莫能菌素。

(4)严格控制使用范围和停药期 能不用抗生素的尽量不用；使用一种抗生素就能控制病情发展的就不再增用他种药品；用窄谱抗生素能控制感染的就不用广谱抗生素；不用残留量高的抗生素。在蛋鸭产蛋期和肉鸭上市前7～10天，应停止使用抗生素。

(5)严格控制使用剂量 抗生素添加量过少，达不到相应的促生长效果，添加量过大，则可能破坏机体内微生态环境，微生物菌群严重失衡，引起消化紊乱、便秘，并可能产生内中毒以及给疾病

治疗带来困难等后果。因此，应严格控制抗生素的使用剂量，适量地添加抗生素是用好抗生素的关键。

(6)注意混合均匀 抗生素类添加剂不能直接加入饲料中使用，必须制成预混剂后方可添加到饲料中。抗生素类添加剂应进行二级稀释预混，降低药物浓度，确保抗生素在饲料中能均匀混合，防止因混合不均造成效果不能达预期，或药物中毒。

五、自配饲料效果评价方法

1. 怎样通过感观来判断饲料的利用效果?

饲养效果可以通过多种形式在饲养过程集中表现出来,它能够综合、客观地反映自配饲料是否合理。为了便于阶段性和全程饲养效果的检查,在日常饲养过程中着重从以下几方面进行观察:注意观察鸭的食欲与采食量,食欲和采食量既是鸭只健康的标志,也是自配饲料优劣的反映,在鸭只健康无病的情况下,鸭对饲料的采食减少或厌食,表示该饲料的适口性有问题,可能存在霉变、异味,乃至可能由配方不当所致;鸭的营养状况更能反映自配饲料的营养水平是否能满足鸭的需要,通过观察鸭群被毛光亮、平滑程度,皮肤和黏膜有无不正常表现,食欲、精神和行为状况是否正常,多数鸭只体重是否在预期范围内,蛋鸭、种鸭是否过肥或过瘦等。进行综合分析,可以确定是否有营养不良的现象,若存在则应对饲粮进行调整,使之全面符合鸭的需要,并辅之以其他措施改善鸭的营养状况;观测种鸭和产蛋鸭的生产性能可判断自配饲料品质优劣,种公鸭的性欲、精液品质,种母鸭和产蛋鸭的开产日龄、受精率、产蛋率、孵化率、健雏率等指标与维生素、蛋白质、微量元素的关系十分密切,如果这些指标出现异常就应考虑所配饲粮是否合适;检测产蛋高峰期是否在该品种标准范围内,若低于标准范围,表明在育雏期、育成期营养物质供应不平衡,发育受阻,或者产蛋期的营养物质供应不均衡,以至缩短了产蛋高峰期;观测体重变化也是检验自配饲料品质的方法之一,这对以增重为主要生产目标

的肉鸭尤为重要。体重明显超过正常范围，表明所配饲料中某种营养物质可能过多或不足，提醒配料者进行深入分析，找准原因及时改进；鸭产品的质量除品种是影响其产品质量的主要因素外，饲料因素同样影响产品的营养物质组成、风味以及其他感观性状，这些指标也从一个侧面反映该饲料的饲养效果。

进行综合的饲养经济效益分析，全面判断自配饲料的品质，当鸭采食不平衡饲粮时，很可能以增加采食量来维持较高的产量，这就会降低饲料转化率和经济效益。饲料转化率是指 1 千克饲粮换得的产品数量。它是衡量养殖业生产水平和经济效益的一个重要指标。在生产中，常用料蛋比和料肉比（准确讲应是料重比）表示。料蛋比即指每产 1 千克鸭蛋所需要的饲粮数（千克）。料肉比指商品肉鸭每增重 1 千克所消耗的饲粮数（千克）。饲料转化率越高，表明饲料的饲养效果和经济效益越高。料蛋比或料肉比越高，表明饲料转化率越低。提高饲料转化率是提高经济效益的核心。因为，饲料成本占总成本的 65%～75%，降低饲料成本也是自配饲料的最终目的。

2. 怎样通过简单的饲养试验来判断饲料品质？

饲养试验可用来验证和筛选较好的饲粮配方，它是判断饲料品质优劣的最直接方法，其结论相对较准确。饲养试验根据欲测定的项目，有多因子与单因子之分，判断自配饲料的优劣属单因子试验。饲养试验结果准确否，在一定程度上取决于最初的试验设计，试验设计错了则全盘皆输，不可能获得正确的结论。因此，进行饲养试验设计必须严格遵守以下要求。

必须明确饲养试验的目的，打算解决什么问题，据此制订试验方案。饲养试验大致包括分组试验、分期试验和交叉试验 3 种方案。

(1)分组试验 分组试验是将足够数量的试验鸭分为若干组，其中包括对照组和几个试验组。是常用的一种类型，也是饲料品质鉴定推荐的一种类型。其方案如表 5-1 所示。

表 5-1 分组试验

类别 \ 饲粮	期别	
	预试期	正试期
对照组	基础饲粮	基础饲粮
试验组 1	基础饲粮	基础饲粮＋试验因子 A
试验组 2	基础饲粮	基础饲粮＋试验因子 B

分组试验的特点是，对照组与试验组都在同一环境下同步进行，因此试验受环境影响的可能已降到最低。分组试验要求有足够数量的供试个体，以减少因供试鸭群体小而引起试验误差。

(2)分期试验 是把同一组鸭分为不同时期，先后作为试验组和对照组的试验方法(表 5-2)。

表 5-2 分期试验

预试期	正试期	后试期
基础日粮	基础饲粮＋试验因子	基础饲粮

此类型试验需要的供试鸭较少，场地占用少，如操作得好，可在一定程度上消除个体间差异。但是，这种试验经历的时间较长，环境因素的变化对试验结果有一定的影响。

(3)交叉试验 是按对称原则将供试个体分为 2 组，并在不同试验阶段互为对照的试验方法。其设计方案如表 5-3 和表 5-4 所示。

①第一种方案 如果试验只有一个试验因子，可在 10 天的预

试期的基础上，分为两期（表 5-3）。

表 5-3　交叉试验之一

组　别	第一期	第二期
1 组	基础饲粮	试验饲粮
2 组	试验饲粮	基础饲粮

这也较适合单一的自配饲料品质鉴定，只是耗时较分组试验长。试验数据整理后即可在两组间比较，也可在两期间对比，交互分析判断更易获得较正确的结论。在供试鸭数量不多时，交叉试验在一定程度上消除了个体差异的影响，也削弱了历时长、环境因素变化大的影响，因而可获得较为理想的试验结果。然而对于处在生长发育阶段和不同产蛋阶段的鸭，试验结果会受到一定影响。

②第二种方案　适用于试验因子较多的情况（表 5-4）。

表 5-4　交叉试验之二

组　别	第一期	第二期	第三期
1 组	基础饲粮	基础饲粮＋试验饲粮 A	基础饲粮＋试验饲粮 B
2 组	基础饲粮	基础饲粮＋试验饲粮 B	基础饲粮＋试验饲粮 A

第一期是预试期和分组试验一样，两组都喂同一基础饲粮，也要在此期间逐步过渡到试验饲粮。第二期与第三期开始前应有 3～5 天的过渡期，2 个组的饲粮在不同试验期中相互交换。进行数据处理时，可把 2 个试验组的平均值与 2 个对照组的平均值进行比较。

试验应设试验组和对照组，试验组饲喂自配饲粮，对照组则用市场较优质的配合饲料。供做试验的鸭，试验组和对照组在品种、日龄、体重和来源等方面应一致，健康无病，食欲和采食量正常，生长发育良好；试验组和对照组除饲粮不同外，其他饲养管理条件应

相同，最好是在同一栏内分为两段，由同一饲养员进行饲喂；所选的试验用鸭应有足够的代表性，避免选用群体中高产或低产的鸭只；确定试验测定的指标，根据鸭的用途不同，检测指标也不同，蛋鸭以产蛋量为主要检测指标，肉鸭则以体增重为主；供试验的鸭只每组不少于50羽，组内个体间的主要生产性能不能悬殊太大，一般最高和最低间的差不超过5%，有条件可做差异显著性测定，确认差异不显才算合适。试验组和对照组试验开始时，主要生产性能指标也不能差异过大；分组后，根据免疫程序的要求进行必要的免疫。试验前应把水槽和料槽等一切准备好，并进行消毒。

3. 怎样进行试验分期？

试验应分为预试期和正试期。

正式试验开始前，应有10天左右的预试期，用以观测鸭只的表现，使其适应试验地的饲养环境，并对组间差异进行微调，对个别不宜试验的鸭只予以淘汰。根据试验鸭的采食情况，适当调整饲粮的投放量。在此期间，试验组应从第五天开始逐步将试验饲粮代替基础饲粮，每天以饲粮15%～20%的比例用试验饲粮取代基础饲粮，直至全部取代。

正试期用来检验自配饲料的品质，正试期应严格按照实施方案开展试验。正试期一般以60天为宜，肉鸭可适当缩短至28天。正试期要正确获取和处理资料，资料数据的获得和处理是试验的核心，必须高度严肃认真对待，按照试验方案中的规定，定期获取有关数据。若以测定体重为主要判断指标的，则要求每月测量1次体重，每次测定要求在同一时间连续空腹称重2～3天，取其平均数作为最终体重。对蛋鸭则要求每天统计全群产蛋量、破损蛋、畸形蛋。

预试期和正试期都应每日统计饲料添加量、剩余量和食入量，

这是计算饲料转化率的重要依据。数据的记录记载要有严谨的科学态度，特别在试验结果与预期不一致时要求工作人员严肃对待，切不可伪造或篡改数据。记录记载只能用钢笔或签字笔，而不能用铅笔或圆珠笔。发现记录记载有错只能划掉重填，而不能在原数据上描改。记录记载用的表格应根据试验内容事先设计好，并打印装订成册，切切不可随意抓一张纸填写，甚至写在手上。记录、记载的原始资料应由专人妥善保管。

4. 怎样通过改进饲养技术提高饲喂效果？

(1)正确处理好饲养过程中的阶段性与连续性 在生产上，为了饲养方便，总是把饲养的全过程分为几个阶段。以产蛋鸭为例，产蛋鸭应严格按未开产期、开产期、高峰期、休产期等几个阶段喂给不同的饲粮，同时相应调整各阶段的饲养技术，注意夜间补饲，供给充足洁净的饮水。特别需要强调，虽然从生理上分为若干阶段，但各个阶段之间都存在承上启下的紧密联系，若产蛋鸭在育雏、育成过程中生长发育受阻，就会影响产蛋阶段的产量。这在饲养种鸭时，尤其重要。

种母鸭临近性成熟时，应及时终止限制饲养，按产蛋鸭的饲养标准配制饲粮，提高饲粮中的营养水平。种鸭产蛋期内应适当增加饲喂次数，通常 1 天喂 4 次(白天喂 3 次、夜间 1 次)。

(2)细心观察鸭群的生产、体况、生活状态 从蛋形可知蛋鸭的饲养状况，蛋的大端偏小，是欠早食，小头偏小是偏中食；产生砂壳蛋、软壳蛋，表明饲粮中钙或维生素 D_3 的供应可能不足；产蛋时间推迟，甚至白天产蛋或不集中，是采食不够的表现，应及时补喂精料；体重较大幅度地增加或下降，说明饲粮中各种营养物质不平衡或供给不够，可调整饲粮配方；产蛋前期，蛋重不断增加，若增重过快，说明饲养管理不当，要及时加以改进；产蛋初期如产蛋率高

低波动，甚至下降，应从饲养管理上找原因。

正确选择饲料的形态，饲料形态或料型是影响鸭采食量及消化率的重要因素之一，并可能影响生长发育和其他生产性能。颗粒饲料一般应用于肉鸭，由于颗粒饲料具有较多的优点，现在应用越来越广泛。在使用颗粒饲料时，应针对鸭的年龄不同，供给的颗粒饲料的颗粒度也不同。粉状饲料更适合蛋鸭，应用比较普遍。缺点是容易产生分级现象，容易引起挑食，饲料浪费率高。

(3)合理调制搭配各类饲料

①精、青饲料搭配饲喂　青饲料宜单喂，也可经切碎或打浆后与精饲料拌匀饲喂。在饲喂青饲料时应防止中毒，如氢氰酸、亚硝酸盐、农药等有毒物质，以及寄生虫的感染等。

②干料与湿料配合使用　干料省工、便于机械化操作，可促进唾液分泌，夏季不易霉变，适于多数鸭群，特别是集约化饲养的鸭群。湿料多是粉料与一定比例的水调制而成，农村小群饲养常采用这种方式。鸭在催肥填饲时需采用湿料，夏季高温季节为促进肉鸭多采食而采用湿料，不适合规模化饲养。

③熟喂或生喂视情况而定　一般配合饲料都采用生喂，只有在饲料需熟化处理时才选择熟喂，其目的在于破坏豆类及饼粕中的抗胰蛋白酶因子；或杀灭某些饲料中的病原微生物，如肉骨粉；或对饲料进行膨化处理，以提高饲料的消化率；或为了改善饲料的适口性等。通常采用的熟化方法主要包括焙炒、蒸煮、膨化、制粒等。

(4)确立良好的饲养方式和饲养制度

①正确控制饲喂次数　可根据饲养过程区别对待。一般来说，育雏期的雏鸭饲喂次数宜多，随着日龄的增长而递减，一直达到每日喂 3～4 次为止。蛋鸭和种鸭育成期的限饲，可采用每天投料 1 次，以保证采食的均匀性。肉鸭应增加饲喂次数，休产蛋鸭和种鸭日喂 2 次较宜。

②应随气温变化及时调整饲粮　在炎夏鸭采食量锐减，养分的摄入量也相应减少，此时可提高饲粮养分的浓度，如蛋白质、矿物质等。在严冬，鸭需要更多的热能抵御严寒，采食量明显增加，可按该鸭群的饲养标准配制饲料，必要时可适当增加饲粮能量浓度。

③掌握好自由采食与限饲的尺度　自由采食是保持料槽内经常有料，以满足鸭群可随时采食的要求。这种喂法多用于采食量大、增重快的肉鸭。对于蛋鸭，虽然饲喂时接近自由采食，但亦应控制其采食量。

(5)限饲　为了获得更好的生产效率，对种鸭和蛋鸭的育成阶段多采用限制采食，对产蛋后期的鸭也常采取限饲。限饲通常采用两种方式来实现。一是限制采食量，这又分为减少每天的采食总量，或隔日投饲。另一种方式则是降低饲粮中能量或粗蛋白质的浓度，使鸭每日采食的能量或蛋白质的数量受到限制。限饲一般不减少维生素和矿物质的摄入量。限饲是一个阶段性措施，达目的后即应停止，实施中还应注意限饲期鸭摄入的能量及各种养分的数量，应能满足该阶段的营养需要。此外，在群饲条件下应保证每个个体有均等的采食机会和采食量，首先要设置足够的槽位和保证充足的饮水。

(6)慎重更换饲料　一种饲料饲喂一段时间后因鸭生理、生产特性的变化，必然要发生更换饲料的情况，更换饲料必须稳妥、逐步进行，以免造成应激，避免出现采食量下降、消化功能紊乱、便秘或腹泻，甚至啄羽、啄肛等不良现象，影响生长发育和生产。更换饲料通常在5～7天内完成，每天用15％～20％的新料置换原用饲料，换料不要在发病期或疫苗接种期进行。

(7)制定科学的饲养日程与操作规程　饲养日程包括饲养工作的全过程，以饲喂为中心做到科学、合理、紧凑，有利提高劳动生产率，首先确定饲喂次数和时间，然后穿插安排其他日常工作，如除粪、冲刷、运动、集蛋、称重及必要的兽医防治措施等。日程安排要充分考虑到季节、鸭的种类、生产性能、生理特点、给料方式等。操作规程则是对每项技术措施进行规范化，要求科学、详尽、具体、可操作性强，切不可脱离实际照抄书本。饲养日程和操作规程一经确定，不能随意更改，让鸭逐步建立起良好的条件反射，以利于防止应激，充分发挥生产潜力。

5. 怎样通过改进管理技术提高饲喂效果？

自配饲料能否取得预期效果，除饲料本身的品质外，外界环境与饲养管理技术也直接影响着饲喂效果，通过改进管理技术，有效控制环境，以尽量满足鸭的生理需要，从而达到提高饲喂效果的目的。也就是说，只有在管理良好的情况下，才能发挥出自配饲料的最佳效果。

对产蛋鸭首先抓好光照和温度的控制，光照合理，可使育成鸭适时开产，使产蛋鸭的产蛋量尽快达到高峰，并维持较长时期。光照制度应与自配饲料的营养水平配合实施，在开产前 1 周增加光照时间，开产后每日增加光照 15～25 分钟，直至达到每天 16 小时；产蛋鸭最适宜的温度为 13℃～20℃，此时产蛋率和饲料转化率都处在最佳状态，夏季加强通风降低舍内温度，冬季注意鸭舍保温都有利于提高饲料报酬；注意观察鸭群的形态，若羽毛蓬松零乱，说明饲粮质量差，应改善其质量；当鸭出现食欲不振、精神委靡、反应迟钝等现象时，应及时调整饲养管理，必要时进行治疗；注意观察鸭群的排泄物，如粪便呈白色，说明动物性饲料没充分吸收。粪便在水中呈蓬松状，白的不多表示动物性饲料喂量恰当。

良好的种鸭管理技巧是提高种鸭繁殖力、增强饲喂效果的重要因素。为了促进母鸭高产，增强饲喂效果，可在产蛋鸭群中按 2%～5%比例投入公鸭；舍饲鸭宜每天在舍内噪鸭 2～3 次，每次

5～10 分钟，促使其加强运动；饲养管理工作应严格按操作规程运行，保持相对稳定，可减少应激，这对产蛋后期的鸭更显重要，任何应激，都可能造成不良后果；减少各种应激因素，在产蛋期间不随便使用对产蛋率有影响的药物，如喹乙醇等，也不注射疫苗，不驱虫。

注意防止公鸭过肥，公鸭饲养不当造成过肥可导致爬跨困难，降低种蛋的受精率。性成熟初期的公鸭尽量少下水，以减少公鸭之间互相嬉水，形成恶癖；配种前 20 天，将公鸭放入母鸭群中，此时应以放养为主，多下水活动，以增强其性欲，增加有效的配种次数，获得较好的繁殖率；为了提高优秀种鸭的利用率，常常需要延长饲养期至第二个产蛋期，为了让第二个产蛋期尽早到来，必须改善休产期的饲养管理工作。其中最重要的是实行人工强制换羽，缩短休产时间。

6. 怎样进行人工强制换羽提高饲喂效果？

换羽是鸭生存期的自然规律，多在秋季进行。人工强制换羽则是根据鸭的这一自然规律，人为地调节种鸭换羽期及盛产期，做到各个季节按需供种。人工强制换羽，可使整个换羽期缩短为 40～50 天，且鸭群经人工强制换羽后，产蛋率比自然换羽有较大提高，蛋的质量也较好。人工强制换羽可分为 3 个阶段，休产期的种母鸭日喂 2 次即可。

第一阶段采取限饲、限饮、限光、限运动等措施，在人工强制换羽的第一天，鸭进入只有弱光的遮光鸭舍，停止供应饲料和饮水，也不除粪和更换垫草；第二天只在上午喂 1 次水；第三天让鸭充分饮水；第 4～5 天日供给每只鸭，糠麸类饲料 100 克和少量青饲料 1～2 次，并给足饮水；第 6～10 天分上、下午 2 次喂给糠麸类饲料，量增至 125 克，另给少量的青绿饲料。10 天内不让鸭群出舍，

不放水。10天后，每隔3天放水1次，促使它自己摘羽。

第二阶段就可进行人工拔羽，当限饲、限饮、限光、限运动进行到第15～20天时鸭开始换羽，一般先换小羽，后换大羽。欲缩短换羽进程，可人为拔去鸭的主翼羽、副翼羽和尾羽，拔羽必须在两翼肌肉收缩，主翼羽根干枯，羽轴与毛囊开始脱落时进行。过早或过晚拔羽都会影响鸭的体重和新羽的生长。拔羽应在晴天的上午进行，把所有未脱落的翼羽和主尾羽沿着该羽毛尖端方向，用瞬时力逐一拔除，拔羽后，第一天不能让鸭群下水，但应立即对鸭群进行恢复性饲养。

第三阶段在拔羽后尽快改善饲养管理条件，一切都必须逐步进行不可操之过急，增加饲料喂量，改善饲料质量都应逐步实施。拔羽后的次日天气晴好时开始运动和放水，放牧地先就近而后渐远，放牧时间应逐渐增加。在拔羽后20天左右，逐步恢复蛋鸭的正常饲养管理，按照产蛋鸭的饲养程序饲喂，喂给产蛋鸭的自配饲料，及时清除粪便，保持清洁干燥。一般在拔羽30～40天后蛋鸭开始产蛋，鸭舍应保持适宜的温、湿度和良好的通风。

人工强制换羽注意事项：人工强制换羽应淘汰病、瘦、弱、残的鸭，将已开始换羽的鸭单独饲养。在人工强制换羽前2周，分批次对未进行过各种防疫注射的鸭群补注鸭瘟、禽霍乱等疫苗，并驱除内外寄生虫，以缓解人工强制换羽所造成的应激反应，并保持下1个产蛋年鸭群的健康。

六、鸭的饲料卫生安全及防范措施

1. 为什么要强调饲料的卫生原则?

在自配饲料配方设计中必须坚持卫生原则,其目的是为了保证配制成功的饲料,具有足够的饲用安全可靠性。饲料卫生状况不仅影响鸭的饲喂效果,也影响鸭的健康,还影响鸭的产品品质,甚至影响宏观生态和微观生态的变化,饲料卫生状况直接关系到人类生存环境和人类自身的安全。饲料的安全性也就成了当前饲料科学配制工业所面临的重要课题,当然自配饲料也不例外。卫生原则主要包含两个方面。

一方面是从养鸭的角度考虑,对那些可能伤害鸭机体的饲料原料,除非事先采取有效的去毒去害处理措施,否则绝不纳入配方设计中。例如,严重发霉变质的饲料,包括受黄曲霉菌感染的玉米、花生饼,易产生黄曲霉毒素导致鸭只中毒;未经去毒处理的菜籽饼和棉籽(仁)饼必须严格限制其用量;其他如受到农药等有毒有害物质污染的饲料原料等,均不能应用于生产配合饲料。

另一方面是从人类的健康角度出发,在设计饲料配方时,必须严格遵守,某些添加剂停用期的规定和禁止使用的法令,防止这些添加剂通过鸭产品及其排泄物来影响人类的健康,或对人类生存的环境带来污染。例如,长期使用抗生素作为畜禽的生长促进剂,为了改善鸭皮肤和蛋黄色泽而大剂量使用着色剂,特别是使用化工合成着色剂。还有超剂量使用微量元素添加剂,如多磷、高铜和高锌等,对土壤及水源会造成严重污染。

综上可知饲料卫生在整个养鸭业，乃至生态环境、人类健康是何等重要，但长期以来一直被忽视。

2. 影响饲料卫生的常见因素有哪些?

饲料中不符合卫生原则的因素，主要包含有毒有害元素、天然有毒有害物质、微生物污染、农药污染，以及滥用抗生素、激素和转基因饲料等。尽管国家已制定了饲料卫生标准，并颁布实施，但饲料卫生状况并未引起广大养殖者的重视，此处应加以强调，以利于提高饲喂效果，改善人类生存环境。

(1)饲料中天然有毒有害物质 在一些饲料里自身就含有一定量的有毒物质和抗营养因子。如棉籽饼(粕)里的棉酚、菜籽饼(粕)里的芥子苷、亚麻籽饼(粕)里的氰苷、山黧豆里的变异氨基酸；青菜和青嫩牧草里的草酸、麸皮里的植酸、大豆及其饼粕里的胰蛋白酶抑制剂(抗胰蛋白酶因子)等抗营养因子。在配合饲料时，如果某些含天然有毒物和抗营养因子的原料比例过大，或者饲喂的时间过长，就能引起相应的有毒物质中毒，或降低饲料的利用率和营养价值，从而降低饲喂效果和鸭的产量，破坏鸭体内的正常新陈代谢，有的甚至还残留在产品中，污染食物链而影响消费者的健康。

(2)遭受重金属等污染的饲料 铅、汞、砷、镉、氟、铬等重金属与矿物质，一般是通过"工业三废"污染和生物富集作用而进入饲料，通过饲料进入鸭体导致鸭的重金属等中毒，而且这些矿物质蓄积在鸭体组织和骨骼中，会对人类造成伤害。

(3)农药残留 饲料喷洒农药或农药通过水体、土壤和空气进入饲料，再经饲料进入鸭体内，引发中毒或残留在鸭体内。青粗饲料、农副产品类饲料，谷实类饲料以及块根、块茎、瓜类饲料均含有比较高量的农药残留。为了杜绝农药对畜禽的危害，我国正在制

定饲料中农药残留量的国家标准。

(4)某些化学物质 常见的有氟化物、N-亚硝基化合物、盐酸克伦特罗(β-兴奋剂)、多环芳烃类(如苯并(α)芘,一种致癌物质)、二噁英、多氯联苯(又名氯化联苯)。这些物质多数都能导致人类致癌。

(5)饲料添加剂的毒性 一些营养性添加剂由于使用不当或过量使用都会遭遇中毒,如维生素 A 和维生素 D;微量元素添加剂中含有某些有毒的化学元素,如铅、砷、镉和汞等杂质。微量元素使用过量导致中毒,广泛存在铁、铜、锌、锰、碘、硒等,特别是硒使用量和中毒量间距离很小,稍有不慎或混合不匀即可引起中毒。饲料药物添加剂,如四环素抗生素(如土霉素、金霉素、四环素)、磺胺类(如磺胺甲基嘧啶)、喹诺酮类(如诺氟沙星、环丙沙星)、喹噁啉类(如喹乙醇),这类添加剂多有蓄积,容易存留在组织中,大剂量长期使用会引起中毒。微生态制剂类若菌种选择不当,饲喂方法不正确也会影响饲喂效果。

(6)矿物质饲料的毒性 例如,食盐的过量摄入,饲用碳酸钙(石粉)和饲用磷酸盐,往往都含有铅、砷、氟等有毒元素,骨粉则可能存在氟、砷与有毒金属元素超标,或腐败变质产生大量致病菌,或遭受农药污染等。

(7)动物性饲料的毒性 主要指鱼粉、肉粉、蚕蛹、血粉、羽毛粉和皮革粉,这类饲料在保存过程中易吸湿,遭受细菌和霉菌污染,发生腐败变质,或氧化酸败。也存在某些重金属元素导致中毒,如皮革粉中的铬。鱼粉还可形成肌胃糜烂素(又称胃溃素)造成禽类肌胃糜烂。肉粉和肉骨粉遭到沙门氏菌污染而产生肉毒素等有毒物质。

3. 饲料中常见的有毒元素有哪些危害？

一些有毒元素均可污染饲料，严重影响饲料安全性和饲喂效果，其中危害较大的有铅、汞、砷、镉等有毒元素。

(1)铅 当土壤被含铅较高的物质污染后，饲料中含铅量也随之增加，其增加程度因土壤中铅含量的高低而变化，且多集中在饲料的叶片。在饲料加工过程使用镀锡、镀锌的导管器械或容器时，因镀锡、镀锌不纯或使用含铅较高的焊锡，均可导致铅污染。矿物质饲料和鱼粉、肉骨粉铅的含量可能较高。鸭长期饲喂含铅量高的饲料（我国规定，鸭的配合饲料中铅含量不超过 5 毫克/千克），会引起神经系统、造血器官、消化系统、肾脏受损，降低鸭的生产性能。铅中毒还可降低一些酶的活性，导致机体氧化代谢紊乱，中毒后出现神经功能紊乱，溶血性贫血，肾脏变性或坏死，消化道出现病变。

(2)汞 在含汞工业废水严重污染的水域生产鱼粉，其汞的含量是非污染区的 5 倍甚至更多。鸭对汞的毒害反应敏感。中毒后的鸭主要表现为神经症状，如运动不协调，呆滞，嗜睡等。雏鸭出现消瘦，厌食，生长发育受阻或脱毛。食入高汞量饲粮的鸭，其产品中汞的含量也高，人食用后将严重危及人体健康。

(3)砷 植物性饲料在生长过程中可从环境中吸收砷，有机态砷可在植物体内逐渐降解为无机态砷而聚集在植物体内，喷施到叶片上的砷化合物也可被植物吸收而蓄积。在一些添加剂饲料中含有较多的砷，如 3-硝基-4-羟苯砷酸和 4-硝基苯砷酸，长期使用可在鸭体内蓄积，产生慢性中毒。砷中毒后的鸭常出现食欲不振、消化不良、胃肠炎，持续性腹泻，刺激上呼吸道和皮肤引起损伤，生长受阻，羽毛粗乱无光泽，易脱落，黏膜发红，四肢无力，甚至麻痹，并可对鸭和人产生致癌性。我国饲料卫生标准规定鸡配合饲料中

砷的含量应≤2 毫克/千克,鸭可参照此标准。

(4)镉 饲料中镉主要来自工业三废的排放、施用磷肥、污泥等对土壤的污染,磷肥中镉含量较高。饲料从受污染的土壤中吸收镉,而后富集于体内。锌矿中常伴有较多的镉,含锌矿物质饲料处置不当,有可能导致饲料中镉的增加。镉对动物肾、肺、肝、脑、骨等产生一系列损伤,能抑制骨髓造血功能引起贫血和肌肉苍白。镉中毒后脾脏明显肿大,胃黏膜溃疡及坏死性肠炎,心脏肥大。镉还能引发"三致"作用,导致癌症、畸形和突变。我国饲料卫生标准规定鸡配合饲料中镉的含量应≤0.5 毫克/千克,石粉中镉的含量应≤0.75 毫克/千克,鱼粉中镉的含量应≤2 毫克/千克,鸭可参照此标准。

(5)硒 硒是鸭的必需微量元素,缺硒可产生缺乏症。饲料中硒的含量过多可抑制体内多种含硫氨基酸酶的活性,使机体氧化过程失调,干扰细胞的中间代谢。硒还可降低血液中含硫氨基酸,如胱氨酸和蛋氨酸以及谷胱甘肽等,进而影响蛋白质的合成。硒影响维生素 C 和维生素 K 的代谢,导致血管系统损伤。高含量硒主要出现在干旱和半干旱地区,硒的烟尘、含硒废水都是造成饲料硒含量过高的因素。我国饲料卫生标准规定鸡配合饲料中镉的含量应≤0.5 毫克/千克。

(6)铬 六价铬对动物有毒害作用,鞣制皮革时需使用铬制剂,配合饲料中使用皮革蛋白粉有可能存在铬污染。若酸性饲料接触含铬的器械、管道或容器时,也可造成配合饲料中铬含量增加。铬被称为长寿元素,适量的铬对动物有益,超量可导致鸭中毒。鸭急性中毒,主要表现为胃肠道受刺激引发呕吐、流涎、食欲降低,腹泻;呼吸和心跳加快,流涕。我国饲料卫生标准规定鸡配合饲料中铬的含量应≤10 毫克/千克,鸭可参照此标准,皮革蛋白粉中铬的含量应≤200 毫克/千克。

4. 饲料中常见的天然有毒有害物质有哪些危害?

(1)棉籽饼(粕)

第一,棉籽饼(粕)中含有游离棉酚可引起鸭生长受阻、生产下降,严重时死亡。棉酚在体内可与蛋白质、铁结合,使某些酶失去活性,而与铁的结合会干扰血红蛋白的合成,引起缺铁性贫血;棉酚可使棉籽饼中赖氨酸的有效性降低;棉酚在消化道内可刺激胃肠黏膜,引发胃肠炎,还可损害心肌功能,造成心力衰竭,继发肺水肿;影响公鸭的生殖能力,降低精子活力,导致精子减少、畸形、死亡,受精率下降;并可影响蛋的品质。

第二,棉籽饼(粕)中的单宁和植酸可降低蛋白质、氨基酸和矿物元素的利用率,从而影响鸭的生产性能。单宁与胰蛋白酶、α-淀粉酶、脂酶等结合而使这些酶失去活性,或与饲料蛋白质结合成不易被消化的螯合物;单宁具苦涩味,能与胃肠中的蛋白质结合,分解出有强烈刺激性的没食子酸,降低适口性和采食量;单宁和植酸可损伤小肠黏膜,降低矿物质的吸收和生物学效价。

第三,环丙烯脂肪酸能使蛋品质量下降,产蛋率和孵化率降低。主要表现在使卵黄膜通透性提高,蛋黄中的铁离子进入蛋清中,与蛋清蛋白结合而成红色的复合体,蛋变为“桃红蛋”;抑制脂肪酸的氢化,提高脂肪熔点和硬度,并使蛋清中的铁转移到蛋黄中,致使蛋黄膨大,经加热蛋黄变硬,成“海绵蛋”;可引起鸭胃肠功能紊乱,发生胃肠炎;心脏、肝脏、肾脏等器官受损,出现心力衰竭,肺水肿。

我国饲料卫生标准规定鸡配合饲料中游离棉酚的含量应≤20毫克/千克。

(2)菜籽饼(粕) 含有硫葡萄糖苷、芥酸、芥子苷、缩合单宁等生物碱。硫葡萄糖苷进入动物体后可分解为异硫氰酸盐和噁唑烷

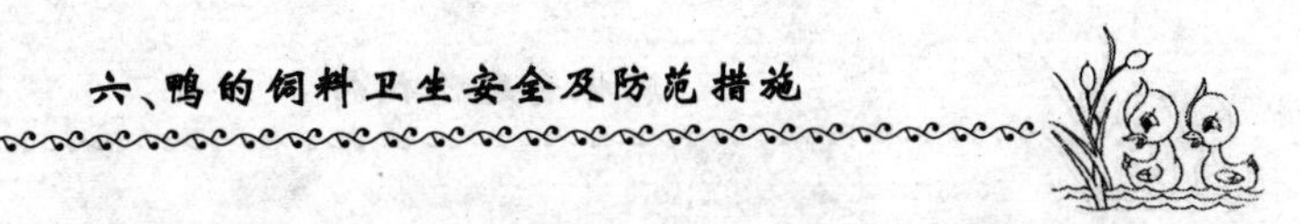

硫酮，可引发甲状腺肿等病变，还可引起胃肠炎、支气管炎、肾炎。鸭大量采食菜籽饼，还可污染其产品。此外，菜籽饼(粕)中所含的芥子碱具苦味，可降低饲料的适口性，甚至影响产品的风味。还含有一些其他的抗营养因子如植酸和单宁，同样可降低蛋白质、氨基酸和矿物元素的利用率，从而影响鸭的生产性能。

(3)生豆饼(粕) 含有大豆抗胰蛋白酶因子(胰蛋白酶抑制剂)，可使鸭发生消化障碍，营养物质的消化率降低。大豆抗胰蛋白酶因子受热处理后，遭到破坏而失去抑制作用。

(4)亚麻仁饼(粕) 含有氢氰酸，它与细胞色素氧化酶中的三价铁离子结合，造成细胞缺氧，引起神经与心血管系统的功能障碍。饲喂过多可引起鸭生长停滞、脱羽、产蛋下降甚至死亡。

(5)花生饼(粕) 与玉米类似易遭黄曲霉菌感染，产生黄曲霉毒素导致动物致突变、致癌，雏鸭最敏感，中毒后表现为嗜睡、精神委靡、食欲不振、步态不稳、羽毛脱落、粪便带血。

(6)植物饲料中的植酸 植酸广泛存在于植物饲料中，主要以植酸磷的形式存在，植酸磷几乎不被鸭利用，食入后大部分排出体外，造成磷对环境的污染；植酸还可降低矿物元素的利用率，与钙、铁、锌、锰、铜、钴等元素结合成不溶性的螯合物；植酸可与蛋白质螯合，使蛋白质的可溶性明显降低，其生物学效价因而显著下降。除降低这些物质的饲喂效果外，在体内形成的植酸盐(如植酸磷)排出体外，可造成对环境的污染。

5. 饲料被微生物污染后有哪些危害?

对饲料造成污染的微生物，主要有沙门氏菌、大肠杆菌、肉毒梭菌、葡萄球菌、魏氏梭菌，霉菌，病毒等。当生产动物性饲料时，若消毒不彻底或保存不当，可引发上述病菌的孳生和大量繁殖，造成污染使饲料适口性降低，颜色和气味异常，营养物质被破坏。

(1)细菌污染的危害 沙门氏菌污染的饲料常引起鸭腹泻，雏鸭发生急性或慢性败血症；肉毒梭菌分泌的毒素可使鸭出现中毒性症状，表现为四肢无力，全身麻痹，共济失调；鸭食入含有遭受大肠杆菌污染的饲料，常致大肠杆菌病，肉鸭均有患大肠杆菌病的报道，其主要传播途径是消化道。

(2)霉菌污染的危害 霉菌对饲料的污染在我国较常见，霉菌污染的饲料产生刺激性气味、颜色异常、结块、质地发生变化。营养价值和适口性下降，蛋白质溶解度降低，部分维生素遭破坏。霉变产生的毒素可致鸭中毒。

6. 饲料被农药污染后有哪些危害？

近半个世纪以来种植业大面积使用甚至滥用农药，使土壤、饲料乃至整个生态环境均遭到严重污染，人、畜、禽健康都受到严重危害，在使用饲料时，应对农药污染饲料的状况予高度重视。目前常用的农药主要有 6 大类。

(1)有机磷农药的危害 这类药的品种甚多，主要使用的是高效、低毒、低残留的乐果、敌百虫、敌敌畏等。但少数地区仍在使用剧毒农药。长期使用有机磷农药可致饲料作物的有机磷含量增高，可引起鸭中毒。主要损害中枢神经系统的运动中枢、小脑、脑干和肝、肾、生殖系统。有机磷杀虫剂能使中枢神经兴奋，骨骼肌震颤等。对肝脏有较大的损害，可引起肝脏营养性失调，发生变性，甚至坏死。应特别重视有机磷残留过高的鸭产品，对人有致癌、致畸和致基因突变的“三致”危害。

(2)有机氯农药的危害 尽管我国已经禁止使用有机氯农药。但其对环境的污染短时间很难消除，饲料中这类物质的存在尚难避免。有机氯中毒后，鸭出现呼吸困难、肺水肿，或者产生肌肉纤维颤动，痉挛，四肢僵硬和中枢神经系统症状，肝脏、肾脏以及免疫

器官等受损，繁殖功能衰退。对人类也有“三致”的危害。

(3)氨基甲酸酯类杀虫剂 氨基甲酸酯类杀虫剂的急性毒性，在各品种间差异很大，一般多属中等毒或低毒类，其毒性较有机磷农药低。鸭中毒后主要表现为神经功能亢进，其临床症状较有机磷杀虫剂轻，消失亦较快，它也是一种弱致畸物。

(4)拟除虫菊酯类杀虫剂 拟除虫菊酯能改变神经细胞膜的钠离子通道功能，使神经传导受阻，动物呈现神经症状，过度兴奋、震颤，严重者全身抽搐、运动共济失调、外周血管破裂，最后呼吸麻痹而死亡。

(5)杀菌剂 由于杀菌剂要求有较长的残效期，残毒问题就更严重一些，目前常见的杀菌剂有以下5种。

①有机硫杀菌剂 有机硫杀菌剂中毒后主要侵害神经系统，先兴奋，后转为抑制，重者可发生呼吸和循环衰竭。此外，有机硫杀菌剂对肝脏、肾脏等组织也有一定的损害，此类农药的某些代谢产物有致癌和致畸作用，但所需剂量都很大，可认为没有实际意义。

②有机汞杀菌剂 有机汞杀菌剂属剧毒类。有机汞化合物与蛋白质或其他活性物质中的巯基结合，抑制各种含巯基的酶，导致许多功能障碍和广泛病变。有机汞的毒理作用与无机汞基本相同，但对神经系统有更明显的毒害作用。

③有机砷杀菌剂 砷在人和畜禽体内能积累毒性，且砷在土壤中也能积累，破坏土壤的理化特性，故此类农药已逐渐被禁用或限制使用。

④内吸性杀菌剂 内吸性杀菌剂一般对恒温动物的毒性低。近年来发现多菌灵在哺乳动物胃内能发生亚硝化反应，形成亚硝基化合物。硫菌灵的代谢产物除具有杀菌作用的多菌灵外，尚有乙烯双硫代氨基甲酸酯，后者又能代谢为乙烯硫脲，对甲状腺有致癌作用。因此，对这类农药及其代谢物的慢性毒性值得进一步研究。

⑤有机磷杀菌剂　有机磷杀菌剂是近年出现的品种，它们在植物体内容易降解成无毒物质。

(6)除草剂　除草剂按其化学成分可分为有机和无机除草剂两类。无机除草剂已逐渐被淘汰。常用的有机合成除草剂有十余种之多。除草剂不论是茎叶喷洒或土壤处理，均有部分被作物吸收，并在作物体内降解与积累，而导致饲料污染。但由于除草剂使用于作物早期，且量少，使用次数少，故饲料作物中除草剂的残留量一般较低。对人和畜禽的急性毒性和亚慢性毒性都较低，但其中的二噁英和二甲基亚硝胺均有致畸、致突变和致癌的作用，不能小视。

(7)有机氟农药的危害　现常见的有机氟农药有氟乙酸钠、氟乙酰胺，此类农药的残效期长，鸭长期食用含有机氟的饲料，可损害鸭的心脏和中枢神经系统。

7. 饲料添加剂和药物使用不当有什么危害？

(1)抗生素的危害　抗生素作为饲料添加剂在预防动物疾病、促进动物生长、增加畜产品产量和提高养殖效益等方面曾发挥过积极作用，但带来的不良副作用也不可忽视。例如，配制饲料中长期使用抗生素导致细菌产生耐药性；改变动物消化系统的微生态环境，使一些有益微生物在消化道的生存和繁衍受到抑制；动物长期食用含抗生素的饲料，可通过产品传递给人，使人类对这些抗生素产生耐药性，以致影响疾病的治疗，一些抗生素对人类同样有致癌、致畸的危害；一些残留的抗生素还可随动物粪便排泄到外界，造成对环境的污染。今后应不用或少用抗生素作为饲料添加剂，改用益生素、低聚糖、酶制剂及中草药等添加剂，同样可提高动物的非特异性免疫力，促进动物生长，改善饲料利用率。

(2)激素的危害　大部分激素虽有提高鸭生长速度和饲料报

酬的作用。但可残留于产品中,人食用含瘦肉精的动物产品,可引发血压增高、心跳加快、气喘、多汗、手足颤抖、摇头等症状;含雌激素的动物产品,可扰乱人体内分泌,并可致癌、致畸。为此,国家已禁止使用激素类添加剂。

8. 提高饲料卫生安全性应采取哪些组织措施?

(1)饲料生产企业和养殖者应树立"饲料卫生安全直接关系到人体健康状况,饲料是人类的间接食品"的观念

(2)完善监管体系 随着饲料工业的快速发展,我国应加快完善饲料监管体系。在全国建立了自上而下的专一饲料监管队伍,落实人员和经费,提高监管效率,提高饲料安全水平,这是确保饲料卫生安全的基础。

(3)加大监测力度 在加强对饲料成品质量和安全性进行监督检查的同时,应强化对大宗饲料原料、饲料添加剂的监控,监控指标包括农药残留、霉菌毒素、大肠菌群、沙门氏菌和重金属等;加强饲料生产经营环节的统检和抽检,强化市场抽检和监管;开展违禁药物专项整治行动,坚决查处使用违禁药物的行为,杜绝企业添加违禁药物及超量使用添加剂;加强对饲料和畜禽饮水中超量使用兽药的检测;开展动物性饲料产品质量检测和流向监测。国家在完善有关管理法规、标准的同时,加快饲料监测体系基础设施的建设,在技术设备和监督方法等方面,保证饲料产品的安全性。

(4)健全检测体系 在做好完善国家强制性标准《饲料卫生标准》和《饲料标签》工作的同时,应加强饲料检测标准方法的修订,尤其应加大药物饲料添加剂检测方法的制标力度,增强标准的时效性,缩短标准制定周期,确保饲料检测有标准可依。因为,之前虽制定了一些饲料添加剂和违禁药物检测的国家推荐标准,但个别标准制定简单、可操作性不高,导致检测结果准确性不高,重复

性低，且不断有新的饲料添加剂问世。甚至一些违禁药物的检测采用的国外标准，方法不一致，对比性差。

(5)引进先进的管理经验和检测技术 应及时研究和借鉴发达国家的管理经验，跟踪和引进吸收国外先进检测技术和手段，努力提高我国对饲料安全的监管水平。

9. 怎样控制饲料中的有毒物质？

(1)严格控制用量 准确掌握拟用原料中固有毒物和抗营养因子的含量，再根据饲料卫生标准精确计算其在配合饲料和浓缩饲料中的比例，严格控制其用量在安全范围，不引发毒害作用和对营养物质吸收的拮抗。

(2)采用一些行之有效的脱毒处理 主要有5种脱毒方法。

①高温处理 加热(干热、湿热、压热、蒸汽)对多种饲料固有毒物、抗营养因子都有一定的去除作用。

②控制加工时的温度 在加工鱼粉时严格控制温度在120℃以内可有效降低或防止肌胃糜烂素形成。同时，尽量不用红体鱼作原料加工鱼粉。

③浸泡 主要用于清除高粱里的单宁，单宁主要存在于高粱壳皮中。用冷水浸泡2小时，或煮沸5分钟，可除去70%的单宁。但需注意，无论是浸泡还是煮沸都应严格控制时间，不宜过长。

④坑埋脱毒 主要用于菜籽饼(粕)和棉籽饼(粕)，坑埋法实际上也是一种类似青绿饲料青贮的方法，是利用微生物的发酵作用。菜籽饼(粕)和棉籽饼(粕)经微生物发酵后可降低其毒性、提高营养价值。坑埋法(即青贮)对硝酸盐、亚硝酸盐含量高的青绿饲料也有解毒作用，饲喂比较安全。

⑤硫酸亚铁处理 用硫酸亚铁来消除棉酚的有害作用，添加的铁离子与游离棉酚的比例1∶1或硫酸亚铁与游离棉酚比

例 5∶1，以保证铁离子与游离棉酚充分结合，除去毒性。

(3)添加不同的添加剂以减弱抗营养因子的不利影响 例如，添加植酸酶降解一些植物性饲料里的植酸磷，以提高磷的利用率，还可减少粪便磷的排出对环境的污染。同时，还能将被植酸螯合的钙、锌、铜、铁和蛋白质也释放出来，恢复被抑制的淀粉酶、脂肪酶和蛋白酶的活性，提高多种营养物质的消化吸收利用率；向鱼粉中添加甲氰咪胍可预防肌胃糜烂。向高草酸饲料里增加钙的添加量，可减少草酸对钙的拮抗作用。

(4)选择和培育低毒作物新品种 “双低”(低硫葡萄糖苷、低芥酸)、“三低”(除双低外再加低纤维)油菜；扁荚山黧豆(鹰嘴山黧豆)比其他品种含毒低；高粱白色粒含单宁 0.035%～0.088%，黄色为 0.09%～0.36%，红色为 0.14%～1.55%，褐色为 1.3%～2.0%，颜色越浅单宁含量越低。

(5)合理利用肥料 如果施氮肥过多，多余的氮就不能转化成蛋白质，饲料中硝酸盐和亚硝酸盐的含量就相应增多，特别是用这样的青饲料饲喂家畜，则危险性较大。

10. 怎样控制饲料中的有害细菌和霉菌?

第一，加强饲料加工企业生产流程的管理，应将加工前的原料处理区域，与加工后的成品、半成品处理清净区域严格分隔。原材料与半成品、成品的生产设备、器材专用，互不共用。从事原料处理的人员与从事加工生产作业的人员互不串岗。

第二，严格控制好各个生产环节的卫生防范，防止原材料或半成品、成品从环境而来的各种有害细菌和霉菌的污染。即原料的保管、加工、制造过程、成品保管、输送等均应防止有害细菌和霉菌的污染，包括防止蝇、蟑螂等卫生害虫，鼠、犬、猫、鸟类等动物的侵入。厂房、设备以及环境均应定期清扫和消毒，严格执行进出消毒

制度，外来人员未经允许严禁进入生产区。

第三，对实施饲料发酵处理的企业，如菜籽饼、单细胞蛋白等的发酵，其选用的菌株应进行严格筛选，以利于在适宜的工艺条件下，抑制杂菌的生长，使发酵饲料中有害细菌很少或无。一些小型饲料发酵企业，依靠自然干燥发酵饲料，极易孳生杂菌或有害细菌。因此应采取快速干燥。

第四，理化处理。颗粒饲料经120℃～150℃的热蒸汽处理，并经过成型机制粒处理，能杀灭多种有害细菌和霉菌。在饲料内添加乙酸、醋酸、丙酸等有机酸，对饲料中常见的沙门氏菌等有害细菌和霉菌有杀灭作用，添加浓度为0.6%～6%效果较好。

第五，培育抗性品种。不同品种其抗霉菌的性能不完全相同，如不透水棉籽产生的黄曲霉毒素高于透水的棉籽；花生种皮上维生素E低的品种，不易受黄曲霉的侵染及形成黄曲霉毒素。

第六，其他。作物轮作和科学的收获方法，能有效降低霉菌和霉菌毒素的污染；控制调节好饲料及其原料的贮存环境，如严格控制水分，改进仓库结构和卫生状况，降低温、湿度及氧浓度等。

11. 怎样控制饲料中的有毒有害元素？

(1)铅 控制原料中铅的含量，特别是高铅地区的饲料或高含铅饲料，是减少配合饲料中铅含量的有效方法。饲料中含有适量的钙、铁、锌、铬和硒可在较大程度上降低铅在动物机体内的吸收和存留，削弱铅的毒性作用。乙二胺四乙酸钠钙、促排灵等可作为解除动物铅慢性中毒的解毒剂或排毒剂。

(2)砷 严格控制原料特别是可能砷含量较高原料中的砷含量；根据砷与其他元素和基因的作用，减少氧化砷形成的砷，阻碍砷的吸收，增加其排泄过程。在土壤中施用铁、铝、钙、镁的化合物，可与砷生成不溶的化合物而不被植物吸收。二巯基丙磺酸钠、

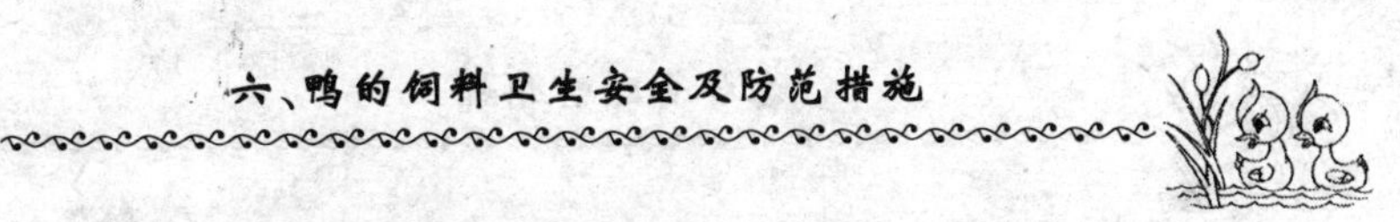

二巯基丁二酸钠和硫代硫酸钠均可作为砷中毒的解毒剂。葡萄糖与维生素 C 合用也有一定的缓解毒性的作用。

(3)硒 据报道，在饲料中提高蛋白质水平，可促进硒在动物体内的代谢，缓解硒的毒性。饲料中添加硫酸盐、维生素 B_1、维生素 E 和维生素 C 以及含硫氨基酸可减轻或预防硒的慢性中毒。对氨基苯砷酸（阿散酸）和 3-硝基-4-羟基苯砷酸（洛克沙生）有预防硒中毒的作用。

(4)氟 对于高氟含量的饲料，应根据其含氟量的程度，限制磷酸盐、骨粉在日粮中的比例。

(5)镉 除严格限制高镉饲料的使用外，防止或降低植物对镉的吸收也是可行的，如施用磷酸盐类肥料或用石灰调节土壤的 pH 值至 7 以上，可减少对镉的吸收。在高镉饲料中适当提高铁、锌、钙、硒的供给量，对降低镉的吸收和毒性有一定作用。

(6)汞 首先从源头抓起，加强对含汞的工业废气、废水和废渣的管理和治理，严格执行排放标准。对已受汞污染的农田适当多施有机肥料，以降低汞的活性；施用硫酸铵肥，与汞形成硫化汞而固定在土壤中，阻止植物对汞的吸收。水体中的汞可采用各种吸附剂进行处理。

配合饲料中添加适量的硒可减少汞与细胞及组织的结合，防止甲基汞引起的神经中毒。二巯基丙磺酸钠、二巯基丁二酸钠、依地酸钙和青霉胺等都是汞中毒的解毒剂，可降低汞的毒害作用。

12. 影响饲料贮藏品质的因素有哪些？

自配饲料不论数量多少都会面临饲料原料和自配饲料的贮存问题。饲料贮藏不当，会造成饲料变质，鸭采食后健康受损，并带来不同程度的经济损失。饲料贮藏既包括饲料原料的贮藏，也牵涉成品饲料的妥善保管，两者都不可偏废。

(1)影响饲料原料贮藏的因素

①生物因素　一是刚收获的饲料子实,初期细胞尚处于活动阶段,仍在进行呼吸,这会引起饲料中碳水化合物等营养物质的分解,促使饲料品质下降。二是老鼠猖獗活动可吃掉大量的饲料,据测算1只成年鼠1年能吃掉11～12千克饲料。三是老鼠排泄的粪、尿能造成饲料污染,传播某些疾病。四是贮藏环境湿热给微生物创造了一个大量繁殖的机会,导致饲料霉变。五是饲料中发生的虫害是贮藏过程中,饲料品质下降的另一个重大影响因素。

②氧化因素　空气中的氧可促进营养物质被氧化,使其分解、变质。例如,饲料中的脂肪遭遇氧化和酸败而变质,特别是鱼粉、蚕蛹、肉骨粉、米糠和油饼等含脂肪较多的饲料更加突出;饲料中蛋白质随着贮存期的延长,也会遭到分解,游离氨基酸增多,但粗蛋白质总量一般变化不大;维生素和微量元素在贮藏时更易遭受氧化,特别是脂溶性维生素。

③湿度与温度因素　环境温度和湿度及贮藏饲料的含水量,对贮藏的饲料品质影响很大,当饲料贮藏在高温高湿的环境下或饲料含水量较高时,贮藏饲料的营养物质都会损失,温、湿度或饲料含水量越高损失也越大,损失的速度也越快,三者呈正相关。

④光照因素　一些维生素对光很敏感易遭破坏,如一些B族维生素和氨基酸以及某些药品,长期暴露在不遮光的环境下就会遭破坏。

(2)影响成品饲料贮藏的因素　成品饲料有多种形态,耐贮藏的时间也不同。例如,呈粉状的全价配合饲料表面积大,孔隙度小,不透风,导热性差,容易吸湿发霉。而全价颗粒饲料,孔隙度变大,通透性好,且加工时经过蒸汽处理,微生物被杀灭,加之淀粉经蒸汽加热糊化,较耐贮藏;浓缩饲料含有丰富的蛋白质,易受潮而导致病菌孳生,发生霉变;微量元素和维生素长期暴露在空气中,同样也易遭氧化和光照的破坏,不宜久存。

13. 饲料贮藏应采取哪些主要措施?

饲料贮藏措施必须有针对性,首先弄准确经常出现的有哪些影响因素,常采用的措施主要是,加强通风,控制好贮藏地的温、湿度,抑制刚收获谷物的呼吸活动,创造一个缺氧环境,添加一些对人、畜无害的化学物品等。

(1)造成缺氧环境 这适用于一些大型饲料加工厂,将饲料贮藏在密封条件下,通过机械脱氧或饲料呼吸脱氧,使密封环境中的氧气逐渐减少,造成缺氧,与此同时呼吸脱氧还可增加二氧化碳的积累。缺氧环境还可通过用其他气体(如充氮气)置换出氧气而形成。缺氧降低了饲料细胞的生理活动,微生物和害虫的生长受到抑制,饲料品质下降的进程延缓,有利于饲料质量的稳定。这种方法对防治饲料虫害和抑制霉菌的孳生都有较好的效果。由于饲料处于密封状态可有效防止受潮,还可避免化学贮藏可能带来的污染,对保障饲料卫生发挥了积极作用。不足之处是需要造价较高的密封设备,不适合小型饲料加工厂采用。

(2)创造良好的通风环境 良好的通风环境可将外界低温、干燥的空气引入饲料贮藏仓,排走贮藏仓原有的高温、潮湿的空气,降低贮藏饲料的温度,驱除水分,利于安全贮藏。但当外界气温高和湿度较大时则不能达预期目的,反而会增加仓内饲料的温度和湿度而不利于贮藏。促进通风的方式有自然通风和机械通风两类,小型饲料加工厂多采用自然通风,即利用仓内外风压差形成空气的自然流动,自然通风需在贮藏仓内设置通风系统,包括进气孔和出气孔。这种方法投资省,节能,易操作,但通风效果较差;此外,另一类则借助机械动力进行强制通风,空气交换效率高,但需专用设备,耗能高,适合大型仓库采用。

(3)添加化学药品 在饲料中加入一定量的化学药品,可以防止饲料的虫害、霉变、氧化和酸败等。常用的几种化学药品介绍如下。

①杀虫剂　为防止昆虫和微生物对谷物类饲料原料的侵害，常采用熏蒸和喷洒化学药剂的方法杀灭有害生物。特别是密闭熏蒸处理，既可杀虫也可灭菌，常用的熏蒸药物是甲醛加高锰酸钾。选用的杀虫剂应符合饲料卫生标准要求。

②防霉剂　常用的防霉剂为丙酸钙(每吨配合饲料添加 2 千克)和丙酸钠(每吨配合饲料添加 1 千克)。可抑制霉菌的生长繁殖，实现安全贮藏。

③抗氧化剂　常用的抗氧化剂包括天然和人工合成两类，其目的在于防止饲料遭受氧化分解，特别是各种维生素和脂肪含量高的。一是天然抗氧化剂，常用的有丁香、花椒、茴香等。天然抗氧化剂一般比较安全，无不良反应。二是合成抗氧化剂，使用最多的有乙氧基喹啉、二丁基羟基甲苯(BHT)、丁基羟基茴香醚(BHA)、没食子酸丙酯以及维生素 C 等，其中乙氧基喹啉的抗氧化作用较 BHA、BHT 显著。

④农药　选用的农药应有针对性，且必须符合饲料卫生标准，残留物不能影响鸭和人类的健康。

(4)创建低温干燥的贮藏环境　仓库应建在高燥、通风、遮阴的地方，切忌在低洼潮湿或地下水位高的地方建仓，在仓库周围植树绿化更有利于降低气温。贮存的饲料其含水量应低于 14%，为了保持仓库的干燥还应定期清理仓库，清仓后应敞开仓库门通风干燥 1 周，必要时可加温干燥。

14. 怎样贮藏大宗饲料原料？

(1)谷物子实的贮存　谷物子实一般脂肪含量较高，易遭氧化、酸败变质。若水分超过 14%还可引起发热，导致营养物质迅

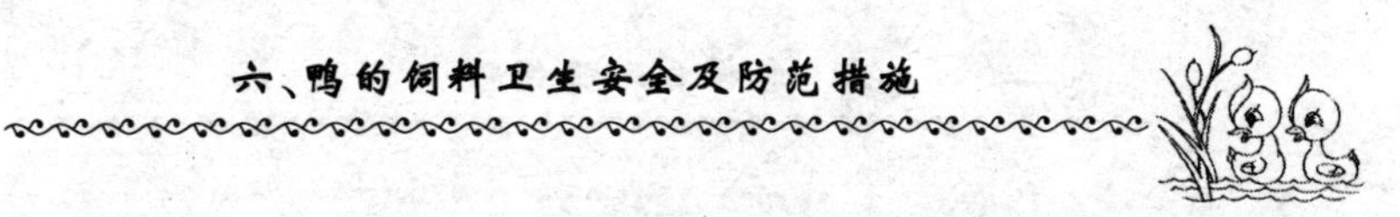

速分解，甚至发生霉烂。这类饲料原料是生产配合饲料的主要原料，应高度重视其贮藏。此外，害虫也是降低贮藏谷物子实品质的重要因素，防治害虫也应予以重视。

谷物子实粉碎后空隙小，通气性差，导热性不良，且粉碎后温度较高(一般为30℃～50℃)，不耐贮藏。如含水量超过14%，易结块、生霉、变苦。因此，应在配料时临时粉碎。

(2)饼(粕)类的贮存 这类饲料富含蛋白质，加工时的挤压或浸提已失去细胞膜的保护作用，易遭受昆虫和微生物的侵袭。当含水量超过贮藏标准，空气相对湿度超过75%时，饼(粕)即可发生霉变。

贮藏饼(粕)类饲料的仓库应特别注意防虫、防潮、防霉。入库前，仓库应进行灭虫，选用的杀虫剂应符合国家相关规定。在仓库底部铺垫糠壳可防潮，选用的垫糠应干燥，厚度不少于20厘米，并压实。严格控制饼(粕)类原料的水分，绝不可超过原料标准规定的含水量。

(3)谷物加工副产品的贮存 谷物加工副产品主要指糠麸类原料，这类原料多数脂肪含量较高，空隙度较大，易吸潮。因此，很容易酸败或生虫、霉变，特别是高温、高湿季节更易发霉。在贮藏期要勤检查，定期翻仓，注意通风降温，防止结块、发霉、生虫，吸湿。一般贮藏期不宜超过3个月，贮藏过久会加速酸败。

15. 怎样贮藏添加剂原料？

维生素、氨基酸、微量元素和其他非营养性添加剂原料价格都比较高，而且易受环境变化的影响遭到破坏，一般都要求低温、干燥、遮光的环境，但这类物质特性差异很大，对贮藏条件要求并不一致，应根据各自的特性分别保管，摘要介绍一些添加剂要求的贮藏条件。详见表6-1。

表 6-1　一些添加剂的贮藏条件

品　名	贮藏条件
维生素 A	装入铝、铁容器内密封、充氮气，在阴凉避光处保存
维生素 AD 溶液	避光，满装，密封存于阴凉干燥处
硫胺素	避光，密封保存
核黄素	避光，密封保存
维生素 B_6	避光，密封保存
维生素 B_{12}	避光，密封保存
维生素 C	避光，密封保存
维生素 D_3	避光，充氮，密封，冷处贮藏
维生素 E	避光，密封保存
泛酸钙	密封，干燥处保存
氯化胆碱	防潮，密封保存
烟　酸	密封保存
土霉素	避光，密封，干燥保存
赖氨酸	密封，干燥保存
蛋氨酸	密封，干燥保存
硫酸亚铁(7 水)	密封，干燥保存
硫酸锌(7 水)	密封保存
硫酸铜(5 水)	密封，干燥保存
硫酸镁(7 水)	密封保存

16. 怎样贮藏自配配合饲料?

配合饲料的种类很多,且其内容物和料型不同,对贮藏要求的条件也各不相同。配合饲料在加工厂贮存的时间尽量短,最好生产后立即出厂;养殖场(户)也不宜久存。

(1)粉状饲料的贮藏 粉状配合饲料由于粒度小,孔隙空间也小,易吸湿发霉,维生素常随温度升高和长期贮存而加大损失。加强通风降温,保持干燥,是保持粉状饲料品质的关键,而最重要、最有效的还是尽量缩短贮存期,采取随要随加工的方式,贮存期控制在 1 周内,最多不超过 1 个月。

(2)颗粒饲料的贮藏 这类饲料粒度大,孔隙空间也大,含水率较低,加之通过蒸汽、制粒处理,绝大部分微生物和害虫已被杀死。较易贮存,但某些维生素也不耐久存且易遭破坏,颗粒饲料应存放在阴凉、干燥处,存放时间也不宜超过 1 个月。

(3)浓缩饲料的贮藏 这类饲料含有较多的蛋白质,其物理特性与粉状全价配合饲料相似,也不耐久存。应存放在干燥、阴凉处,也可在浓缩饲料中添加适量的抗氧化剂。

(4)添加剂预混料的贮藏 这类饲料品种繁多对环境因素的影响更敏感,加之价格昂贵,更应创造良好的贮藏环境,低温、干燥、防氧化是必备条件,特别是维生素在自然状况下,开包后其活性程度与日递减。因此,购买维生素应注意出厂日期,不使用陈旧的维生素,开包后应尽快用完。不同品种应给予不同的贮藏条件,多种原料的预混料应取要求最高的一种原料予以满足。

附　录

附表1　我国饲料、饲料添加剂卫生标准

生产和使用配制饲粮必须严格遵守我国饲料及饲料添加剂卫生标准(2002)。

附表1　《饲料卫生标准》(2002)

每千克产品中允许量	产品名称	指标	试验方法	备　注
砷(以总As计)(毫克)	石　粉	≤2.0	GB/T 13079	不包括国家主管部门批准使用的有机砷制剂中的砷含量
	硫酸亚铁、硫酸镁			
	磷酸盐	≤20		
	沸石粉、膨润土、麦饭石	≤10		
	硫酸铜、硫酸锰、硫酸锌、碘化钾、碘酸钙、氯化钴	≤5.0		
	氧化锌	≤10.0		
	鱼粉、肉粉、肉骨粉	≤10.0		
	家禽、猪配合饲料	≤2.0		
	猪、家禽浓缩饲料	≤10.0		以在配合饲料中20%的添加量计
	猪、家禽添加剂预混合饲料			以在配合饲料中1%的添加量计

续附表 1

每千克产品中允许量	产品名称	指标	试验方法	备注
铅(以 Pb 计)(毫克)	生长鸭、产蛋鸭、肉鸭配合饲料、鸡配合饲料、猪配合饲料	≤5	GB/T 13080	
	奶牛、肉牛精料补充料	≤8		
	产蛋鸡、肉用仔鸡浓缩饲料，仔猪、生长肥育猪浓缩饲料	≤13		以在配合饲料中 20%的添加量计
	骨粉、肉骨粉、鱼粉、石粉	≤10		
	磷酸盐	≤30		
	产蛋鸡、肉用仔鸡复合预混合饲料，仔猪、生长肥育猪复合预混合饲料	≤40		以在配合饲料中 1%添加量计
氟(以 F 计)(毫克)	鱼　粉	≤500	GB/T 13083	
	石　粉	≤2000		
	磷酸盐	≤1800	HG 2636	高氟饲料用 HG 2636—1994 中 4.4 条
	肉用仔鸡、生长鸡配合饲料	≤250	GB/T 13083	
	产蛋鸡配合饲料	≤350		
	猪配合饲料	≤100		
	骨粉、肉骨粉	≤1800		

续附表 1

每千克产品中允许量	产品名称	指标	试验方法	备　注
氟(以 F 计)(毫克)	生长鸭、肉鸭配合饲料	≤200	GB/T 13083	高氟饲料用 HG 2636—1994 中 4.4 条
	产蛋鸭配合饲料	≤250		
	猪、禽添加剂预混合饲料	≤1000		以在配合饲料中 1%的添加量计
	猪、禽浓缩饲料	按添加比例折算为配合饲料		与相应猪、禽配合饲料规定值相同
霉菌的允许含量 *(每克产品中)霉菌总数×10^3 个	玉　米	<40	GB/T 13092	限量饲用:40～100 禁用:>100
	小麦麸、米糠			限量饲用:40～100 禁用:>100
	豆饼(粕)、棉籽饼(粕)、菜籽饼(粕)	<50		限量饲用:50～100 禁用:>100
	鱼粉、肉骨粉	<20		限量饲用:20～50 禁用:>50
	鸭配合饲料	<35		
	猪、鸡配合饲料 猪、鸡浓缩饲料	<45		

续附表 1

每千克产品中允许量	产品名称	指标	试验方法	备 注
黄曲霉毒素 B_1 允许含量(每千克)	玉米花生饼(粕)、棉籽饼(粕)菜籽饼(粕)	≤50	T8380	
	豆 粕	≤30		
	仔猪配合饲料及浓缩饲料	≤10		
	生长肥育猪、种猪配合饲料及浓缩饲料	≤20		
	肉用仔鸡前期、雏鸡配合饲料及浓缩饲料	≤10		
	肉用仔鸡后期、生长鸡、产蛋鸡配合饲料及浓缩饲料	≤20		
	肉用仔鸭前期、雏鸡配合饲料及浓缩饲料	≤10		
	肉用仔鸭后期、生长鸭、产蛋鸭配合饲料及浓缩饲料	≤15		
	鹌鹑配合饲料及浓缩饲料	≤20		
	乳牛精料补充料	≤10		
	肉牛精料补充料	≤50		

续附表 1

每千克产品中允许量	产品名称	指标	试验方法	备注
铬(以 Cr 计)(毫克)	皮革蛋白粉	≤200	GB/T 13088	
	鸡、猪配合饲料	≤10		
汞(以 Hg 计)(毫克)	鱼　粉	≤0.5	GB/T 13081	
镉(以 Cd 计)(毫克)	米　糠	≤1.0	GB/T 13082	
	鱼　粉	≤2.0		
	石　粉	≤0.75		
	鸡配合饲料，猪配合饲料	≤0.5		
氰化物(以 HCN 计)(毫克)	木薯干	≤100	GB/T 13084	
	胡麻饼(粕)	≤350		
	鸡配合饲料，猪配合饲料	≤50		
亚硝酸盐(以 $NaNO_2$ 计)(毫克)	鱼　粉	≤60	GB/T 13085	
	鸡配合饲料，猪配合饲料	≤15		
游离棉酚(毫克)	棉籽饼(粕)	≤1200	GB/T 13086	
	肉用仔鸡、生长鸡配合饲料	≤100		
	产蛋鸡配合饲料	≤20		
	生长肥育猪配合饲料	≤60		

续附表 1

每千克产品中允许量	产品名称	指标	试验方法	备注
异硫氰酸酯(以丙烯基异硫氰酸酯计)(毫克)	菜籽饼(粕)	≤4000	GB/T 13087	
	鸡配合饲料、生长肥育猪配合饲料	≤500		
噁唑烷硫酮(毫克)	肉用仔鸡、生长鸡配合饲料	≤1000	GB/T 13089	
	产蛋鸡配合饲料	≤500		
六六六(毫克)	小麦麸	≤0.05	GB/T 13090	
	大豆饼(粕)			
	鱼　粉			
	肉用仔鸡、生长鸡配合饲料、产蛋鸡配合饲料	≤0.3		
	生长肥育猪配合饲料	≤0.4		
滴滴涕(毫克)	米糠、小麦麸、大豆饼(粕)、鱼粉	≤0.02	GB/T 13090	
	鸡配合饲料,猪配合饲料	≤0.2		
沙门氏菌	饲　料	不得检出	GB/T 13091	
细菌总数 *(×10^6 个)	鱼　粉	<2	GB/T 13093	限量饲用:2～5 禁用:>5

附表 2 饲料营养成分表

序号 NO	中国饲料号 CFN	饲料名称 Feed Name	干物质 DM (%)	粗蛋白质 CP (%)	粗脂肪 EE (%)	粗纤维 CF (%)	无氮浸出物 NFE (%)	粗灰分 Ash (%)	中洗纤维 NDF (%)	酸洗纤维 ADF (%)	钙 Ca (%)	磷 P (%)	非植酸磷 N-Phy-P(%)
1	4-07-0278	玉　米	86.0	9.4	3.1	1.2	71.1	1.2	9.4	3.5	0.02	0.27	0.12
2	4-07-0288	玉　米	86.0	8.5	5.3	2.6	67.3	1.3	9.4	3.5	0.16	0.25	0.09
3	4-07-0279	玉　米	86.0	8.7	3.6	1.6	70.7	1.4	9.3	2.7	0.02	0.27	0.12
4	4-07-0280	玉　米	86.0	7.8	3.5	1.6	71.8	1.3	7.9	2.6	0.02	0.27	0.12
5	4-07-0272	高　粱	86.0	9.0	3.4	1.4	70.4	1.8	17.4	8.0	0.13	0.36	0.17
6	4-07-0270	小　麦	87.0	13.9	1.7	1.9	67.6	1.9	13.3	3.9	0.17	0.41	0.13
7	4-07-0274	大麦(裸)	87.0	13.0	2.1	2.0	67.7	2.2	10.0	2.2	0.04	0.39	0.21
8	4-07-0277	大麦(皮)	87.0	11.0	1.7	4.8	67.1	2.4	18.4	6.8	0.09	0.33	0.17
9	4-07-0281	黑　麦	88.0	11.0	1.5	2.2	71.5	1.8	12.3	4.6	0.05	0.30	0.11
10	4-07-0273	稻　谷	86.0	7.8	1.6	8.2	63.8	4.6	27.4	28.7	0.03	0.36	0.20
11	4-07-0276	糙　米	87.0	8.8	2.0	0.7	74.2	1.3	13.9	—	0.03	0.35	0.15

续附表 2

序号 NO	中国饲料号 CFN	饲料名称 Feed Name	干物质 DM (%)	粗蛋白质 CP (%)	粗脂肪 EE (%)	粗纤维 CF (%)	无氮浸出物 NFE (%)	粗灰分 Ash (%)	中洗纤维 NDF (%)	酸洗纤维 ADF (%)	钙 Ca (%)	磷 P (%)	非植酸磷 N-Phy-P(%)
12	4-07-0275	碎 米	88.0	10.4	2.2	1.1	72.7	1.6	1.6	—	0.06	0.35	0.15
13	4-07-0479	粟(谷子)	86.5	9.7	2.3	6.8	65.0	2.7	15.2	13.3	0.12	0.30	0.11
14	4-04-0067	木薯干	87.0	2.5	0.7	2.5	79.4	1.9	8.4	6.4	0.27	0.09	—
15	4-04-0068	甘薯干	87.0	4.0	0.8	2.8	76.4	3.0	—	—	0.19	0.02	—
16	4-08-0104	次 粉	88.0	15.4	2.2	1.5	67.1	1.5	18.7	4.3	0.08	0.48	0.14
17	4-08-0105	次 粉	87.0	13.6	2.1	2.8	66.7	1.8	31.8	10.5	0.08	0.48	0.14
18	4-08-0069	小麦麸	87.0	15.7	3.9	6.5	56.0	4.9	37.0	13.0	0.11	0.92	0.24
19	4-08-0070	小麦麸	87.0	14.3	4.0	6.8	57.1	4.8	—	—	0.10	0.93	0.24
20	4-08-0041	米 糠	87.0	12.8	16.5	5.7	44.5	7.5	22.9	13.4	0.07	1.43	0.10
21	4-10-0025	米糠饼	88.0	14.7	9.0	7.4	48.2	8.7	27.7	11.6	0.14	1.69	0.22
22	4-10-0018	米糠粕	87.0	15.1	2.0	7.5	53.6	8.8	—	—	0.15	1.82	0.24
23	5-09-0127	大 豆	87.0	35.5	17.3	4.3	25.7	4.2	7.9	7.3	0.27	0.48	0.30
24	5-09-0128	全脂大豆	88.0	35.5	18.7	4.6	25.2	4.0	—	—	0.32	0.40	0.25

续附表 2

序号 NO	中国饲料号 CFN	饲料名称 Feed Name	干物质 DM (%)	粗蛋白质 CP (%)	粗脂肪 EE (%)	粗纤维 CF (%)	无氮浸出物 NFE (%)	粗灰分 Ash (%)	中洗纤维 NDF (%)	酸洗纤维 ADF (%)	钙 Ca (%)	磷 P (%)	非植酸磷 N-Phy-P(%)
25	5-10-0241	大豆饼	89.0	41.8	5.8	4.8	30.7	5.9	18.1	15.5	0.31	0.50	0.25
26	5-10-0103	大豆粕	89.0	47.9	1.5	3.3	29.7	4.9	8.8	5.3	0.34	0.65	0.19
27	5-10-0102	大豆粕	89.0	44.2	1.9	5.9	28.3	6.1	13.6	9.6	0.33	0.62	0.18
28	5-10-0118	棉籽饼	88.0	36.3	7.4	12.5	26.1	5.7	32.1	22.9	0.21	0.83	0.28
29	5-10-0119	棉籽粕	90.0	47.0	0.5	10.2	26.3	6.0	22.5	15.3	0.25	1.10	0.38
30	5-10-0117	棉籽饼	90.0	43.5	0.5	10.5	28.9	6.6	28.4	19.4	0.28	1.04	0.36
31	5-10-0220	棉籽蛋白	92.0	51.1	1.0	6.9	27.3	5.7	—	—	0.29	0.89	0.29
32	5-10-0183	菜籽饼	88.0	35.7	7.4	11.4	26.3	7.2	33.3	26.0	0.59	0.96	0.33
33	5-10-0121	菜籽粕	88.0	38.6	1.4	11.8	28.9	7.3	20.7	16.8	0.65	1.02	0.35
34	5-10-0116	花生仁饼	88.0	44.7	7.2	5.9	25.1	5.1	14.0	8.7	0.25	0.53	0.31
35	5-10-0115	花生仁粕	88.0	47.8	1.4	6.2	27.2	5.4	15.5	11.7	0.27	0.56	0.33
36	5-10-0031	向日葵仁饼	88.0	29.0	2.9	20.4	31.0	4.7	41.4	29.6	0.24	0.87	0.13
37	5-10-0242	向日葵仁粕	88.0	36.5	1.0	10.5	34.4	5.6	14.9	13.6	0.27	1.13	0.17

续附表 2

序号 NO	中国饲料号 CFN	饲料名称 Feed Name	干物质 DM (%)	粗蛋白质 CP (%)	粗脂肪 EE (%)	粗纤维 CF (%)	无氮浸出物 NFE (%)	粗灰分 Ash (%)	中洗纤维 NDF (%)	酸洗纤维 ADF (%)	钙 Ca (%)	磷 P (%)	非植酸磷 N-Phy-P(%)
38	5-10-0243	向日葵仁粕	88.0	33.6	1.0	14.8	38.8	5.3	32.8	23.5	0.26	1.03	0.16
39	5-10-0119	亚麻仁饼	88.0	32.2	7.8	7.8	34.0	6.2	29.7	27.1	0.39	0.88	0.38
40	5-10-0120	亚麻仁粕	88.0	34.8	1.8	8.2	36.6	6.6	21.6	14.4	0.42	0.95	0.42
41	5-10-0246	芝麻饼	92.0	39.2	10.3	7.2	24.9	10.4	18.0	13.2	2.24	1.19	0.22
42	5-11-0001	玉米蛋白粉	90.1	63.5	5.4	1.0	19.2	1.0	8.7	4.6	0.07	0.44	0.17
43	5-11-0002	玉米蛋白粉	91.2	51.3	7.8	2.1	28.0	2.0	10.1	7.5	0.06	0.42	0.16
44	5-11-0008	玉米蛋白粉	89.9	44.3	6.0	1.6	37.1	0.9	29.1	8.2	0.12	0.50	0.18
45	5-11-0003	玉米蛋白饲料	88.0	19.3	7.5	7.8	48.0	5.4	33.6	10.5	0.15	0.70	—
46	4-10-0026	玉米胚芽饼	90.0	16.7	9.6	6.3	50.8	6.6	—	—	0.04	1.45	—
47	4-10-0244	玉米胚芽粕	90.0	20.8	2.0	6.5	54.8	5.9	—	—	0.06	1.23	—
48	5-11-0007	DDGS	90.0	28.3	13.7	7.1	36.8	4.1	38.7	15.3	0.20	0.74	0.42
49	5-11-0009	蚕豆粉浆蛋白粉	88.0	66.3	4.7	4.1	10.3	2.6	—	—	—	0.59	—
50	5-11-0004	麦芽根	89.7	28.3	1.4	12.5	41.4	6.1	—	—	0.22	0.73	—

续附表 2

序号 NO	中国饲料号 CFN	饲料名称 Feed Name	干物质 DM (%)	粗蛋白质 CP (%)	粗脂肪 EE (%)	粗纤维 CF (%)	无氮浸出物 NFE (%)	粗灰分 Ash (%)	中洗纤维 NDF (%)	酸洗纤维 ADF (%)	钙 Ca (%)	磷 P (%)	非植酸磷 N-Phy-P(%)
51	5-13-0044	鱼粉(CP 64.5%)	90.0	64.5	5.6	0.5	8.0	11.4	—	—	3.81	2.83	2.83
52	5-13-0045	鱼粉(CP 62.5%)	90.0	62.5	4.0	0.5	10.0	12.3	—	—	3.96	3.05	3.05
53	5-13-0046	鱼粉(CP 60.2%)	90.0	60.2	4.9	0.5	11.6	12.8	10.8	1.8	4.04	2.90	2.90
54	5-13-0077	鱼粉(CP 53.5%)	90.0	53.5	10.0	0.8	4.9	20.8	—	—	5.88	3.20	3.20
55	5-13-0036	血　粉	88.0	82.8	0.4	0.0	1.6	3.2	9.8	1.8	0.29	0.31	0.31
56	5-13-0037	羽毛粉	88.0	77.9	2.2	0.7	1.4	5.8	40.5	14.7	0.20	0.68	0.68
57	5-13-0038	皮革粉	88.0	74.7	0.8	1.6	0.0	10.9	—	—	4.40	0.15	0.15
58	5-13-0047	肉骨粉	93.0	50.0	8.5	2.5	0.0	31.7	32.5	5.6	9.2	4.70	4.70
59	5-13-0048	肉　粉	94.0	54.0	12.0	1.4	4.3	22.3	31.6	8.3	7.69	3.88	—
60	1-05-0074	苜蓿草粉	87.0	19.1	2.3	22.7	35.3	7.6	36.7	25.0	1.40	0.51	0.51
61	1-05-0075	苜蓿草粉	87.0	17.2	2.6	25.6	33.3	8.3	39.0	28.6	1.52	0.22	0.22
62	1-05-0076	苜蓿草粉	87.0	14.3	2.1	29.8	33.8	10.1	36.8	2.9	1.34	0.19	0.19
63	5-11-0005	啤酒糟	88.0	24.3	5.3	13.4	40.8	4.2	39.4	24.6	0.32	0.42	0.14

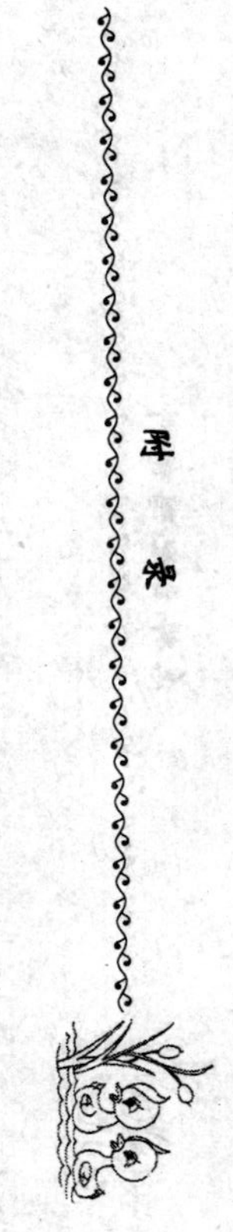

续附表 2

序号 NO	中国饲料号 CFN	饲料名称 Feed Name	干物质 DM (%)	粗蛋白质 CP (%)	粗脂肪 EE (%)	粗纤维 CF (%)	无氮浸出物 NFE (%)	粗灰分 Ash (%)	中洗纤维 NDF (%)	酸洗纤维 ADF (%)	钙 Ca (%)	磷 P (%)	非植酸磷 N-Phy-P(%)
64	7-15-0001	啤酒酵母	91.7	52.4	0.4	0.6	33.6	4.7	—	—	0.16	1.02	—
65	4-13-0075	乳清粉	94.0	12.0	0.7	0.0	71.6	9.7	0.0	0.0	0.87	0.79	0.79
66	5-01-0162	酪蛋白	91.0	88.7	0.8	—	—	—	0.0	0.0	0.63	01.01	0.82
67	5-14-0503	明 胶	90.0	88.6	0.5	—	—	—			0.49	—	—
68	4-06-0076	牛奶乳糖	96.0	4.0	0.5	0.0	83.5	8.0	0.0	0.0	0.52	0.62	0.62
69	4-06-0077	乳 糖	96.0	0.3	—	—	95.7	—	0.0	0.0	—	—	—
70	4-06-0078	葡萄糖	90.0	0.3	—	—	89.7	—	0.0	0.0	—	—	—
71	4-06-0079	蔗 糖	99.0	0.0	0.0	—	—	—	0.0	0.0	0.04	0.01	0.01
72	4-02-0889	玉米淀粉	99.0	0.3	0.2	—	—	—	0.0	0.0	0.0	0.03	0.01
73	4-17-0001	油 脂	99.0	0.0	≥98	0.0	—	—	0.0	00.0	0.0	0.0	0.0
74	4-17-0002	猪 油	99.0	0.0	≥98	0.0	—	—	0.0	0.0	0.0	0.0	0.0
75	4-17-0003	家禽脂肪	99.0	0.0	≥98	0.0	—	—	0.0	0.0	0.0	0.0	0.0
76	4-17-0004	鱼 油	99.0	0.0	≥98	0.0	—	—	0.0	0.0	0.0	0.0	0.0

续附表 2

序号 NO	中国饲料号 CFN	饲料名称 Feed Name	干物质 DM (%)	粗蛋白质 CP (%)	粗脂肪 EE (%)	粗纤维 CF (%)	无氮浸出物 NFE (%)	粗灰分 Ash (%)	中洗纤维 NDF (%)	酸洗纤维 ADF (%)	钙 Ca (%)	磷 P (%)	非植酸磷 N-Phy-P(%)
77	4-17-0005	菜籽油	99.0	0.0	≥98	0.0	—	—	0.0	0.0	0.0	0.0	0.0
78	4-17-0006	椰子油	99.0	0.0	≥98	0.0	—	—	0.0	0.0	0.0	0.0	0.0
79	4-17-0007	玉米油	99.0	0.0	≥98	0.0	—	—	0.0	0.0	0.0	0.0	0.0
80	4-17-0008	棉籽油	99.0	0.0	≥98	0.0	—	—	0.0	0.0	0.0	0.0	0.0
81	4-17-0009	棕榈油	99.0	0.0	≥98	0.0	—	—	0.0	0.0	0.0	0.0	0.0
82	4-17-0010	花生油	99.0	0.0	≥98	0.0	—	—	0.0	0.0	0.0	0.0	0.0
83	4-17-0011	芝麻油	99.0	0.0	≥98	0.0	—	—	0.0	0.0	0.0	0.0	0.0
84	4-17-0012	大豆油	99.0	0.0	≥98	0.0	—	—	0.0	0.0	0.0	0.0	0.0
85	4-17-0013	葵花油	99.0	0.0	≥98	0.0	—	—	0.0	0.0	0.0	0.0	0.0

附表3 饲料氨基酸含量

序号 No	中国饲料号 CFN	饲料名称 Feed Name	干物质 DM (%)	粗蛋白质 CP (%)	精氨酸 Arg (%)	组氨酸 His (%)	异亮氨酸 Ile (%)	亮氨酸 Leu (%)	赖氨酸 Lys (%)	蛋氨酸 Met (%)	胱氨酸 Cys (%)	苯丙氨酸 Phe (%)	酪氨酸 Tys (%)	苏氨酸 Thr (%)	色氨酸 Trp (%)	缬氨酸 Val (%)
1	4-07-0278	玉 米	86.0	9.4	0.38	0.23	0.26	1.03	0.26	0.19	0.22	0.43	0.34	0.31	0.08	0.40
2	4-07-0288	玉 米	86.0	8.5	0.50	0.29	0.27	0.74	0.36	0.15	0.18	0.37	0.28	0.30	0.08	0.46
3	4-07-0279	玉 米	86.0	8.7	0.39	0.21	0.25	0.93	0.24	0.18	0.20	0.41	0.33	0.30	0.07	0.38
4	4-07-0280	玉 米	86.0	7.8	0.37	0.20	0.24	0.93	0.23	0.15	0.15	0.38	0.31	0.29	0.06	0.35
5	4-07-0272	高 粱	86.2	9.0	0.33	0.18	0.35	1.08	0.18	0.17	0.12	0.45	0.32	0.26	0.08	0.44
6	4-07-0270	小 麦	87.0	13.9	0.58	0.27	0.44	0.80	0.30	0.25	0.24	0.58	0.37	0.33	0.15	0.56
7	4-07-0274	大麦(裸)	87.0	13.0	0.64	0.16	0.43	0.87	0.44	0.14	0.25	0.68	0.40	0.43	0.16	0.63
8	4-07-0277	大麦(皮)	87.0	11.0	0.65	0.24	0.52	0.91	0.42	0.18	0.18	0.59	0.35	0.41	0.12	0.64
9	4-07-0281	黑 麦	88.0	11.0	0.50	0.25	0.40	0.64	0.37	0.16	0.25	0.49	0.26	0.34	0.12	0.52
10	4-07-0273	稻 谷	86.0	7.8	0.57	0.15	0.32	0.58	0.29	0.19	0.16	0.40	0.37	0.25	0.10	0.47
11	4-07-0276	糙 米	87.0	8.8	0.65	0.17	0.30	0.61	0.32	0.20	0.14	0.35	0.31	0.28	0.12	0.49
12	4-07-0275	碎 米	88.0	10.4	0.78	0.27	0.39	0.74	0.24	0.22	0.17	0.49	0.39	0.38	0.12	0.57
13	4-07-0479	粟(谷子)	86.5	9.7	0.30	0.20	0.36	1.15	0.15	0.25	0.20	0.49	0.26	0.35	0.17	0.42
14	4-04-0067	木薯干	87.0	2.5	0.40	0.05	0.11	0.15	0.13	0.05	0.04	0.10	0.04	0.10	0.03	0.13

续附表 3

序号 No	中国饲料号 CFN	饲料名称 Feed Name	干物质 DM (%)	粗蛋白质 CP (%)	精氨酸 Arg (%)	组氨酸 His (%)	异亮氨酸 Ile (%)	亮氨酸 Leu (%)	赖氨酸 Lys (%)	蛋氨酸 Met (%)	胱氨酸 Cys (%)	苯丙氨酸 Phe (%)	酪氨酸 Tys (%)	苏氨酸 Thr (%)	色氨酸 Trp (%)	缬氨酸 Val (%)
15	4-04-0068	甘薯干	87.0	4.0	0.16	0.08	0.17	0.26	0.16	0.06	0.08	0.19	0.13	0.18	0.05	0.27
16	4-08-0104	次　粉	88.0	15.4	0.86	0.41	0.55	1.06	0.59	0.23	0.37	0.66	0.46	0.50	0.21	0.72
17	4-08-0105	次　粉	87.0	13.6	0.85	0.33	0.48	0.98	0.52	0.16	0.33	0.63	0.45	0.50	0.18	0.68
18	4-08-0069	小麦麸	87.0	15.7	0.97	0.39	0.46	0.81	0.58	0.13	0.26	0.58	0.28	0.43	0.20	0.63
19	4-08-0070	小麦麸	87.0	14.3	0.88	0.35	0.42	0.74	0.53	0.12	0.24	0.53	0.25	0.39	0.18	0.57
20	4-08-0041	米　糠	87.0	12.8	1.06	0.39	0.63	1.00	0.74	0.25	0.19	0.63	0.50	0.48	0.14	0.81
21	4-10-0025	米糠饼	88.0	14.7	1.19	0.43	0.72	1.06	0.66	0.26	0.30	0.76	0.51	0.53	0.15	0.99
22	4-10-0018	米糠粕	87.0	15.1	1.28	0.46	0.78	1.30	0.72	0.28	0.32	0.82	0.55	0.57	0.17	1.07
23	5-09-0127	大　豆	87.0	35.5	2.57	0.59	1.28	2.72	2.20	0.56	0.70	1.42	0.64	1.41	0.45	1.50
24	5-09-0128	全脂大豆	88.0	35.5	2.63	0.63	1.32	2.68	2.37	0.55	0.76	1.39	0.67	1.42	0.49	1.53
25	5-10-0241	大豆饼	89.0	41.8	2.53	1.10	1.57	2.75	2.43	0.60	0.62	1.79	1.53	1.44	0.64	1.70
26	5-10-0103	大豆粕	89.0	47.9	3.43	1.22	2.10	3.57	2.99	0.68	0.73	2.33	1.57	1.85	0.65	2.26
27	5-10-0102	大豆粕	89.0	44.2	3.38	1.17	1.99	3.35	2.68	0.59	0.65	2.21	1.47	1.71	0.57	2.09
28	5-10-0118	棉籽饼	88.0	36.3	3.94	0.90	1.16	2.07	1.40	0.41	0.70	1.88	0.95	1.14	0.39	1.51
29	5-10-0119	棉籽粕	88.0	47.0	4.98	1.26	1.40	2.67	2.13	0.56	0.66	2.43	1.11	1.35	0.54	2.05

续附表 3

序号 No	中国饲料号 CFN	饲料名称 Feed Name	干物质 DM (%)	粗蛋白质 CP (%)	精氨酸 Arg (%)	组氨酸 His (%)	异亮氨酸 Ile (%)	亮氨酸 Leu (%)	赖氨酸 Lys (%)	蛋氨酸 Met (%)	胱氨酸 Cys (%)	苯丙氨酸 Phe (%)	酪氨酸 Tys (%)	苏氨酸 Thr (%)	色氨酸 Trp (%)	缬氨酸 Val (%)
30	5-10-0117	棉籽粕	90.0	43.5	4.65	1.19	1.29	2.47	1.97	0.58	0.68	2.28	1.05	1.25	0.51	1.91
31	5-10-0220	棉籽蛋白	92.0	51.1	6.08	1.58	1.72	3.13	2.26	0.86	1.04	2.94	1.42	1.60	—	2.48
32	5-10-0183	菜籽饼	88.0	35.7	1.82	0.83	1.24	2.26	1.33	0.60	0.82	1.35	0.92	1.40	0.24	1.62
33	5-10-0121	菜籽粕	88.0	38.6	1.83	0.86	1.29	2.34	1.30	0.36	0.87	1.45	0.97	1.49	0.43	1.74
34	5-10-0116	花生仁饼	88.0	44.7	4.60	0.83	1.18	2.36	1.32	0.39	0.38	1.81	1.31	1.05	0.42	1.28
35	5-10-0115	花生仁粕	88.0	47.8	4.88	0.88	1.25	2.50	1.40	0.41	0.40	1.92	1.39	1.11	0.45	1.36
36	5-10-0031	向日葵仁饼	88.0	29.0	2.44	0.62	1.19	1.76	0.96	0.59	0.43	1.21	0.77	0.98	0.28	1.35
37	5-10-0242	向日葵仁粕	88.0	36.5	3.17	0.81	1.51	2.25	1.22	0.72	0.62	1.56	0.99	1.25	0.47	1.72
38	5-10-0243	向日葵仁粕	88.0	33.6	2.89	0.74	1.39	2.07	1.13	0.69	0.50	1.43	0.91	1.14	0.37	1.58
39	5-10-0119	亚麻仁饼	88.0	32.2	2.35	0.51	1.15	1.62	0.73	0.46	0.48	1.32	0.50	1.00	0.48	1.44
40	5-10-0120	亚麻仁粕	88.0	34.8	3.59	0.64	1.33	1.85	1.16	0.55	0.55	1.51	0.93	1.10	0.70	1.51
41	5-10-0246	芝麻饼	92.0	39.2	2.38	0.81	1.42	2.52	0.82	0.82	0.75	1.68	1.02	1.29	0.49	1.84
42	5-11-0001	玉米蛋白粉	90.1	63.5	1.90	1.18	2.85	11.59	0.97	1.42	0.96	4.10	3.19	2.08	0.36	2.98
43	5-11-0002	玉米蛋白粉	91.2	51.3	1.48	0.89	1.75	7.87	0.92	1.14	0.76	2.83	2.25	1.59	0.31	2.05
44	5-11-0008	玉米蛋白粉	89.9	44.3	1.31	0.78	1.63	7.08	0.71	1.04	0.65	2.61	2.03	1.38	—	1.84

续附表 3

序号 No	中国饲料号 CFN	饲料名称 Feed Name	干物质 DM (%)	粗蛋白质 CP (%)	精氨酸 Arg (%)	组氨酸 His (%)	异亮氨酸 Ile (%)	亮氨酸 Leu (%)	赖氨酸 Lys (%)	蛋氨酸 Met (%)	胱氨酸 Cys (%)	苯丙氨酸 Phe (%)	酪氨酸 Tys (%)	苏氨酸 Thr (%)	色氨酸 Trp (%)	缬氨酸 Val (%)
45	5-11-0003	玉米蛋白饲料	88.0	19.3	0.77	0.56	0.62	1.82	0.63	0.29	0.33	0.70	0.50	0.68	0.14	0.93
46	4-10-0026	玉米胚芽饼	90.0	16.7	1.16	0.45	0.53	1.25	0.70	0.31	0.47	0.64	0.54	0.64	0.16	0.91
47	4-10-0224	玉米胚芽粕	90.0	20.8	1.51	0.62	0.77	1.54	0.75	0.21	0.28	0.93	0.66	0.68	0.18	1.66
48	5-11-0007	DDGS	90.0	28.3	0.98	0.59	0.98	2.63	0.59	0.59	0.39	1.93	1.37	0.92	0.19	1.30
49	5-11-0009	蚕豆粉浆蛋白粉	88.0	66.3	5.96	1.66	2.90	5.88	4.44	0.60	0.57	3.34	2.21	2.31	—	3.20
50	5-11-0004	麦芽根	89.7	28.3	1.22	0.54	1.08	1.58	1.30	0.37	0.26	0.85	0.67	0.96	0.42	1.44
51	5-13-0044	鱼粉(CP 64.5%)	90.0	64.5	3.91	1.75	2.68	4.99	5.22	1.71	0.58	2.71	2.13	2.87	0.78	3.25
52	5-13-0045	鱼粉(CP 62.5%)	90.0	62.5	3.86	1.83	2.79	5.06	5.12	1.66	0.55	2.67	2.01	2.78	0.75	3.14
53	5-13-0046	鱼粉(CP 60.2%)	90.0	60.2	3.57	1.71	2.68	4.80	4.72	1.64	0.52	2.35	1.96	2.57	0.70	3.17
54	5-13-0077	鱼粉(CP 53.5%)	90.0	53.5	3.24	1.29	2.30	4.30	3.87	1.39	0.49	2.22	1.70	2.51	0.60	2.77
55	5-13-0036	血　粉	88.0	82.8	2.99	4.40	0.75	8.38	6.67	0.74	0.98	5.23	2.55	2.86	1.11	6.08
56	5-13-0037	羽毛粉	88.0	77.9	5.30	0.58	4.21	6.78	1.65	0.59	2.93	3.57	1.79	3.51	0.40	6.05
57	5-13-0038	皮革粉	88.0	74.7	4.45	0.40	1.06	2.53	2.18	0.80	0.16	1.56	0.63	0.71	0.50	1.91
58	5-13-0047	肉骨粉	93.0	50.0	3.35	0.96	1.70	3.20	2.60	0.67	0.33	1.70	—	1.63	0.26	2.25
59	5-13-0048	肉　粉	94.0	54.0	3.60	1.14	1.60	3.84	3.07	0.80	0.60	2.17	1.40	1.97	0.35	2.66

续附表 3

序号 No	中国饲料号 CFN	饲料名称 Feed Name	干物质 DM (%)	粗蛋白质 CP (%)	精氨酸 Arg (%)	组氨酸 His (%)	异亮氨酸 Ile (%)	亮氨酸 Leu (%)	赖氨酸 Lys (%)	蛋氨酸 Met (%)	胱氨酸 Cys (%)	苯丙氨酸 Phe (%)	酪氨酸 Tys (%)	苏氨酸 Thr (%)	色氨酸 Trp (%)	缬氨酸 Val (%)
60	1-05-0074	苜蓿草粉（CP 19%）	87.0	19.1	0.78	0.39	0.68	1.20	0.82	0.21	0.22	0.82	0.58	0.74	0.43	0.91
61	1-05-0075	苜蓿草粉（CP 17%）	87.0	17.2	0.74	0.32	0.66	1.10	0.81	0.20	0.16	0.81	0.54	0.69	0.37	0.85
62	1-05-0076	苜蓿草粉（CP 14%～15%）	87.0	14.3	0.61	0.19	0.58	1.00	0.60	0.18	0.15	0.59	0.38	0.45	0.24	0.58
63	5-11-0005	啤酒糟	88.0	24.3	0.98	0.51	1.18	1.08	0.72	0.52	0.35	2.35	1.17	0.81	—	1.66
64	7-15-0001	啤酒酵母	91.7	52.4	2.67	1.11	2.85	4.76	3.38	0.83	0.50	4.07	0.12	2.33	2.08	3.40
65	4-13-0075	乳清粉	94.0	12.0	0.40	0.20	0.90	1.20	1.10	0.20	0.30	0.40	—	0.80	0.20	0.70
66	5-01-0162	酪蛋白	91.0	88.7	3.26	2.82	4.66	8.79	7.35	2.70	0.41	4.79	4.77	3.98	1.14	6.10
67	5-14-0503	明　胶	90.0	88.6	6.60	0.66	1.42	2.91	3.62	0.76	0.12	1.74	0.43	1.82	0.05	2.26
68	4-06-0076	牛奶乳糖	96.0	4.0	0.29	0.10	0.10	0.18	0.16	0.03	0.04	0.10	0.02	0.10	0.10	0.10

附表4 饲料维生素含量 （毫克/千克）

序号 No	中国饲料号 CFN	饲料名称 Feed Name	干物质 DM (%)	粗蛋白质 CP (%)	胡萝卜素	维生素E	维生素B_1	维生素B_2	泛酸	烟酸	生物素	叶酸	胆碱	维生素B_6	维生素B_{12}	亚油酸 (%)
1	4-07-0278	玉　米	86.0	9.4	—	22.0	3.5	1.1	5.0	24.0	0.06	0.15	620	10.00	—	2.20
2	4-07-0288	玉　米	86.0	8.5	—	22.0	3.5	1.1	5.0	24.0	0.06	0.15	620	10.0	—	2.20
3	4-07-0279	玉　米	86.0	8.7	0.8	22.0	2.6	1.1	3.9	21.0	0.08	0.12	620	10.0	0.0	2.20
4	4-07-0280	玉　米	86.0	7.8	—	22.0	2.6	1.1	3.9	21.0	0.08	0.12	620	10.00	—	2.20
5	4-07-0272	高　粱	86.0	9.0	—	7.0	3.0	1.3	12.4	41.0	0.26	0.20	668	5.20	0.0	1.13
6	4-07-0270	小　麦	87.0	13.9	0.4	13.0	4.6	1.3	11.9	51.0	0.11	0.36	1040	3.70	0.0	0.59
7	4-07-0274	大麦(裸)	87.0	13.0	—	48.0	4.1	1.4	—	87.0	—	—	—	19.30	0.0	—
8	4-07-0277	大麦(皮)	87.0	11.0	4.1	20.0	4.5	1.8	8.0	55.0	0.15	0.07	990	4.00	0.0	0.83
9	4-07-0281	黑　麦	88.0	11.0	—	15.0	3.6	1.5	8.0	16.0	0.06	0.60	440	2.60	0.0	0.76
10	4-07-0273	稻　谷	86.0	7.8	—	16.0	3.1	1.2	3.7	34.0	0.08	0.45	900	28.00	0.0	0.28
11	4-07-0276	糙　米	87.0	8.8	—	13.5	2.8	1.1	11.0	30.0	0.08	0.40	1014	—	—	—
12	4-07-0275	碎　米	88.0	10.4	—	14.0	1.4	0.7	8.0	30.0	0.08	0.2	800	28.00	—	—
13	4-07-0479	粟(谷子)	86.5	9.7	1.2	36.3	6.6	1.6	7.4	53.0	—	15.0	790	—	—	0.84
14	4-04-0067	木薯干	87.0	2.5	—	—	—	—	—	—	—	—	—	—	—	—

续附表 4

序号 No	中国饲料号 CFN	饲料名称 Feed Name	干物质 DM (%)	粗蛋白质 CP (%)	胡萝卜素	维生素 E	维生素 B_1	维生素 B_2	泛酸	烟酸	生物素	叶酸	胆碱	维生素 B_6	维生素 B_{12}	亚油酸 (%)
15	4-04-0068	甘薯干	87.0	4.0	—	—	—	—	—	—	—	—	—	—	—	—
16	4-08-0104	次　粉	88.0	15.4	3.0	20.0	16.5	1.8	15.6	72.0	0.33	0.78	1187	9.00	—	1.74
17	4-08-0105	次　粉	87.0	13.6	3.0	20.0	16.5	1.8	15.6	72.0	0.33	0.78	1187	9.00	—	1.74
18	4-08-0069	小麦麸	87.0	15.7	1.0	14.0	8.0	4.6	31.0	186.0	0.36	0.63	980	7.00	0.0	1.70
19	4-08-0070	小麦麸	87.0	14.3	1.0	14.0	8.0	4.6	31.0	186.0	0.36	0.63	890	7.00	0.0	1.70
20	4-08-0041	米　糠	87.0	12.8	—	60.0	22.5	2.5	23.0	293.0	0.42	2.20	1135	14.00	0.0	3.57
21	4-10-0025	米糠饼	88.0	14.7	—	11.0	24.0	2.9	94.9	689.0	0.70	0.88	1700	54.00	40.0	—
22	4-10-0018	米糠粕	87.0	15.1	—	—	—	—	—	—	—	—	—	—	—	—
23	5-09-0127	大　豆	87.0	35.5	—	40.0	12.3	2.9	17.4	24.0	0.42	—	3200	12.00	—	8.00
24	5-09-0128	全脂大豆	88.0	35.5	—	40.0	12.3	2.9	17.4	24.0	0.42	—	3200	12.00	—	8.00
25	5-10-0241	大豆饼	89.0	41.8	—	6.6	1.7	4.4	13.8	37.0	0.32	0.45	2673	—	—	—
26	5-10-0103	大豆粕	89.0	47.0	0.2	3.1	4.6	3.0	16.4	30.7	0.33	0.81	2858	6.10	0.0	0.51
27	5-10-0102	大豆粕	89.0	44.0	0.2	3.1	4.6	3.0	16.4	30.7	0.33	0.81	2858	6.10	0.0	0.51
28	5-10-0118	棉籽饼	88.0	36.3	0.2	16.0	6.4	5.1	10.0	38.0	0.53	1.65	2753	5.30	0.0	2.47
29	5-10-0119	棉籽粕	90.0	47.0	0.2	15.0	7.0	5.5	12.0	40.0	0.30	2.51	2933	5.10	0.0	1.51

续附表 4

序号 No	中国饲料号 CFN	饲料名称 Feed Name	干物质 DM (%)	粗蛋白质 CP (%)	胡萝卜素	维生素 E	维生素 B_1	维生素 B_2	泛酸	烟酸	生物素	叶酸	胆碱	维生素 B_6	维生素 B_{12}	亚油酸 (%)
30	5-10-0117	棉籽粕	90.0	43.5	0.2	15.0	7.0	5.5	12.0	40.0	0.30	2.51	2933	5.10	0.0	1.51
31	5-10-0183	菜籽饼	90.0	35.7	—	—	—	—	—	—	—	—	—	—	—	—
32	5-10-0121	菜籽粕	88.0	38.6	—	54.0	5.2	3.7	9.5	160.0	0.98	0.95	6700	7.20	0.0	0.42
33	5-10-0116	花生仁饼	88.0	44.7	—	3.0	7.1	5.2	47.0	166.0	0.33	0.40	1655	10.00	0.0	1.43
34	5-10-0115	花生仁粕	88.0	47.8	—	3.0	5.7	11.0	53.0	173.0	0.39	0.39	1854	10.00	0.0	0.24
35	5-10-0031	向日葵仁饼	88.0	29.0	—	0.9	—	18.0	4.0	86.0	1.40	0.40	800	—	—	—
36	5-10-0242	向日葵仁粕	88.0	36.5	—	0.7	4.6	2.3	39.0	22.0	1.70	1.60	3260	17.20	—	—
37	5-10-0243	向日葵仁粕	88.0	33.6	—	—	3.0	3.0	29.9	14.0	1.40	1.14	3100	11.10	0.0	0.98
38	5-10-0119	亚麻仁饼	88.0	32.2	—	7.7	2.6	4.1	16.5	37.4	0.36	2.90	1672	6.10	—	—
39	5-10-0120	亚麻仁粕	88.0	34.8	0.2	5.8	7.5	3.2	14.7	33.0	0.41	0.34	1512	6.00	200.0	0.36
40	5-10-0246	芝麻饼	92.0	39.2	0.2	—	2.8	3.6	6.0	30.0	2.40	—	1536	12.50	0.0	1.90
41	5-11-0001	玉米蛋白粉	90.1	63.5	44.0	25.5	0.3	2.2	3.0	55.0	0.15	0.20	330	6.90	50.0	1.17
42	5-11-0002	玉米蛋白粉	91.2	51.3	—	—	—	—	—	—	—	—	—	—	—	—
43	5-11-0008	玉米蛋白粉	89.9	44.3	16.0	19.9	0.2	1.5	9.6	54.5	0.15	0.22	330	—	—	—
44	5-11-0003	玉米蛋白饲料	88.0	19.3	8.0	14.8	2.0	2.4	17.8	75.5	0.22	0.28	1700	13.00	250.0	1.43

续附表 4

序号 No	中国饲料号 CFN	饲料名称 Feed Name	干物质 DM (%)	粗蛋白质 CP (%)	胡萝卜素	维生素 E	维生素 B_1	维生素 B_2	泛酸	烟酸	生物素	叶酸	胆碱	维生素 B_6	维生素 B_{12}	亚油酸 (%)
45	4-10-0026	玉米胚芽饼	90.0	16.7	2.0	87.0	—	3.7	3.3	42.0	—	—	1936	—	—	1.47
46	4-10-0224	玉米胚芽粕	90.0	20.8	2.0	80.8	1.1	4.0	4.4	37.7	0.22	0.20	2000	—	—	1.47
47	5-11-0007	DDGS	90.0	28.3	3.5	40.0	3.5	8.6	11.0	75.0	0.30	0.88	2637	2.28	10.0	2.15
48	5-11-0009	蚕豆粉浆蛋白粉	88.0	66.3	—	—	—	—	—	—	—	—	—	—	—	—
49	5-11-0004	麦芽根	89.7	28.3	—	4.2	0.7	1.5	8.6	43.3	—	0.20	1548	—	—	—
50	5-13-0044	鱼粉(CP 64.5%)	90.0	64.5	—	5.0	0.3	7.1	15.0	100.0	0.23	0.37	4408	4.00	352.0	0.20
51	5-13-0045	鱼粉(CP 62.5%)	90.0	62.5	—	5.7	0.2	4.9	9.0	55.0	0.15	0.30	3099	4.00	150.0	0.12
52	5-13-0046	鱼粉(CP 60.2%)	90.0	60.2	—	7.0	0.5	4.9	9.0	55.0	0.2	0.30	3056	4.00	104.0	0.12
53	5-13-0077	鱼粉(CP 53.5%)	90.0	53.5	—	5.6	0.4	8.8	8.8	65.0			3000		143.0	
54	5-13-0036	血　粉	88.0	82.8	—	1.0	0.4	1.6	1.2	23.0	0.09	0.11	800	4.40	50.0	0.10
55	5-13-0037	羽毛粉	88.0	77.9	—	7.3	0.1	2.0	10.0	27.0	0.04	0.20	880	3.00	71.0	0.83
56	5-13-0038	皮革粉	88.0	74.7	—	—	—	—	—	—	—	—	—	—	—	—
57	5-13-0047	肉骨粉	93.0	50.0	—	0.8	0.2	5.2	4.4	59.4	0.14	0.60	2000	4.60	100.0	0.72
58	5-13-0048	肉　粉	94.0	54.0	—	1.2	0.6	4.7	5.0	57.0	0.08	0.50	2077	2.40	80.0	0.80

续附表 4

序号 No	中国饲料号 CFN	饲料名称 Feed Name	干物质 DM (%)	粗蛋白质 CP (%)	胡萝卜素	维生素 E	维生素 B_1	维生素 B_2	泛酸	烟酸	生物素	叶酸	胆碱	维生素 B_6	维生素 B_{12}	亚油酸 (%)
59	1-05-0074	苜蓿草粉 (CP 19%)	87.0	19.1	94.6	144.0	5.8	15.5	34.0	40.0	0.35	4.36	1419	8.00	0.0	0.44
60	1-05-0075	苜蓿草粉 (CP 17%)	87.0	17.2	94.6	125.0	3.4	13.6	29.0	38.0	0.30	4.20	1401	6.50	0.0	0.35
61	1-05-0076	苜蓿草粉 (CP 14%～15%)	87.0	14.3	63.0	98.0	3.0	10.6	20.8	41.8	0.25	1.54	1548	—	—	—
62	5-11-0005	啤酒糟	88.0	24.3	0.2	27.0	0.6	1.5	8.6	43.0	0.24	0.24	1723	0.70	0.0	2.94
63	7-15-0001	啤酒酵母	91.7	52.4	—	2.2	91.8	37.0	109.0	10.0	0.63	9.90	3984	42.80	999.9	0.04
64	4-13-0075	乳清粉	94.0	12.0	—	0.3	3.9	29.9	47.0	—	0.34	0.66	1500	4.00	20.0	0.01
65	5-01-0162	酪蛋白	91.0	88.7	—	—	0.4	1.5	2.7	1.0	0.04	0.51	205	0.40	—	—
66	5-14-0503	明　胶														
67	4-06-0076	牛奶乳糖														
68																

附表5 饲料有效能及矿物质含量

序号	饲料名称	代谢能		钠 %	钾 %	氯 %	镁 %	硫 %	铁 (毫克/千克)	铜 (毫克/千克)	锰 (毫克/千克)	锌 (毫克/千克)	硒 (毫克/千克)
		兆焦/千克	兆卡/千克										
1	玉米	13.31	3.18	0.01	0.29	0.04	0.11	0.13	36	3.4	5.8	21.1	0.04
2	玉米	13.56	3.24	0.20	0.30	0.04	0.12	0.08	37	3.3	6.1	19.2	0.03
3	玉米	13.47	3.22	0.20	0.30	0.04	0.12	0.08	37	3.3	6.1	19.2	0.03
4	高粱	12.30	2.94	0.03	0.34	0.09	0.15	0.08	87	7.6	17.1	20.1	<0.05
5	小麦	12.72	3.04	0.06	0.50	0.07	0.11	0.11	88	7.9	45.9	29.7	0.05
6	大麦(裸)	11.21	2.68	0.04	0.36	—	0.11	—	100	7.0	18.0	30.0	0.16
7	大麦(皮)	11.30	2.70	0.02	0.56	0.15	0.14	0.15	87	5.6	17.5	23.6	0.06
8	黑麦	11.26	2.69	0.02	0.42	0.04	0.12	0.15	117	7.0	53.0	35.0	0.40
9	稻谷	11.00	2.63	0.04	0.34	0.07	0.07	0.05	40	3.5	20.0	8.0	0.04
10	糙米	14.06	3.36	—	—	0.06	0.09	0.10	78	3.3	21.0	10.0	0.07
11	碎米	14.23	3.40	—	—	0.08	0.11	0.06	62	8.8	47.5	36.4	0.06
12	粟(谷子)	11.88	2.84	0.04	0.43	0.14	0.16	0.13	270	24.5	22.5	15.9	0.08
13	木薯干	12.38	2.96	—	—	—	—	—	150	4.2	6.0	14.0	0.04
14	甘薯干	9.79	2.34	—	—	—	0.08	—	107	6.1	10.0	9.0	0.07
15	次粉	12.76	3.05	0.06	0.60	0.04	0.41	0.17	140	11.6	94.2	73.0	0.07

续附表 5

序号	饲料名称	代谢能		钠 %	钾 %	氯 %	镁 %	硫 %	铁 (毫克/千克)	铜 (毫克/千克)	锰 (毫克/千克)	锌 (毫克/千克)	硒 (毫克/千克)
		兆焦/千克	兆卡/千克										
16	次　粉	12.51	2.99	0.06	0.60	0.04	0.41	0.17	140	11.6	94.2	73.0	0.07
17	小麦麸	6.82	1.63	0.07	1.19	0.07	0.52	0.22	170	13.8	104.3	96.5	0.07
18	米　糠	11.21	2.68	0.07	1.73	0.07	0.90	0.18	304	7.1	175.9	50.3	0.09
19	米糠饼	10.17	2.43	0.08	1.80	—	1.26	—	400	8.7	211.6	56.4	0.09
20	米糠粕	8.28	1.98	0.09	1.80	—	—	—	432	9.4	228.4	60.9	0.10
21	大　豆	13.55	3.24	0.02	1.70	0.03	0.28	0.23	111	18.1	21.5	40.7	0.06
22	大豆饼	10.54	2.52	0.02	1.77	0.02	0.25	0.33	187	19.3	32.0	43.4	0.04
23	大豆粕	9.83	2.35	0.03	2.00	0.05	0.27	0.43	181	23.5	37.3	45.3	0.10
24	大豆粕	9.62	2.30	0.03	1.68	0.05	0.27	0.43	181	23.5	27.4	45.4	0.06
25	棉籽饼	9.04	2.16	0.04	1.20	0.14	0.52	0.40	266	11.6	17.8	44.9	0.11
26	棉籽粕	8.41	2.01	0.04	1.16	0.04	0.40	0.31	263	14.0	18.7	55.5	0.15
27	菜籽饼	8.16	1.95	0.02	1.34	—	—	—	687	7.2	78.1	59.2	0.29
28	菜籽粕	7.41	1.77	0.09	1.40	0.11	0.51	0.85	653	7.1	82.2	67.4	0.16
29	花生仁饼	11.63	2.78	0.04	1.15	0.03	0.33	0.29	347	23.7	36.7	52.5	0.06
30	花生仁粕	10.68	2.60	0.07	1.23	0.03	0.31	0.30	368	25.1	38.9	55.7	0.06
31	向日葵仁饼	6.65	1.59	0.02	1.17	0.01	0.75	0.33	424	45.6	41.5	62.1	0.09

续附表5

序号	饲料名称	代谢能		钠 %	钾 %	氯 %	镁 %	硫 %	铁 (毫克/千克)	铜 (毫克/千克)	锰 (毫克/千克)	锌 (毫克/千克)	硒 (毫克/千克)
		兆焦/千克	兆卡/千克										
32	向日葵仁粕	9.71	2.32	0.20	—	0.01	0.75	0.33	226	32.8	34.5	82.7	0.06
33	向日葵仁粕	8.49	2.03	0.20	1.23	0.10	0.68	0.30	310	35.0	35.0	80.0	0.08
34	亚麻仁饼	9.79	2.34	0.09	1.25	0.04	0.56	0.39	204	27.0	40.3	36.0	0.18
35	亚麻仁粕	7.95	1.90	0.14	1.38	0.05	0.56	0.51	219	25.5	43.3	38.7	0.18
36	芝麻饼	8.95	2.14	0.04	1.39	0.05	0.50	0.43	—	50.4	32.0	2.4	—
37	玉米蛋白粉 (CP 60%)	16.23	3.88	0.01	0.30	0.05	0.08	0.43	230	1.9	5.9	19.2	0.02
38	玉米蛋白粉 (CP 50%)	14.26	3.41	0.02	0.35	—	—	—	332	10.0	78.0	49.0	—
39	玉米蛋白粉 (CP 40%)	13.30	3.18	0.02	0.40	0.08	0.05	0.06	—	—	—	—	1.00
40	玉米蛋白饲料	8.45	2.02	0.12	1.30	0.22	0.42	0.16	282	10.7	77.1	59.2	0.23
41	玉米胚芽饼	9.37	2.24	0.01	—	—	0.10	0.30	99	12.8	19.0	108.1	—
42	玉米胚芽粕	8.66	2.07	0.01	0.69	—	0.16	0.32	214	7.7	23.3	126.6	0.33
43	玉 米	9.20	2.20	0.88	0.98	0.17	0.35	0.30	197	43.9	29.5	83.5	0.37
44	蚕豆粉浆蛋白粉	14.53	3.47	0.01	0.06	—	—	—	—	22.0	16.0	—	—

续附表 5

序号	饲料名称	代谢能		钠 %	钾 %	氯 %	镁 %	硫 %	铁 (毫克/千克)	铜 (毫克/千克)	锰 (毫克/千克)	锌 (毫克/千克)	硒 (毫克/千克)
		兆焦/千克	兆卡/千克										
45	麦芽根	5.90	1.41	0.06	2.18	0.59	0.16	0.79	198	5.3	67.8	42.4	0.60
46	鱼　粉	12.38	2.96	0.88	0.90	0.60	0.24	0.77	226	9.1	9.2	98.9	2.70
47	鱼　粉	12.18	2.91	0.78	0.83	0.61	0.16	0.48	181	6.0	12.0	90.0	1.62
48	鱼　粉	11.80	2.82	0.97	1.10	0.61	0.16	0.45	80	8.0	10.0	80.0	1.50
49	鱼　粉	12.13	2.90	1.15	0.94	0.61	0.16	—	292	8.0	9.7	8.0	1.94
50	血　粉	10.29	2.46	0.31	0.90	0.27	0.16	0.32	2100	8.0	2.3	14.0	0.70
51	羽毛粉	11.42	2.73	0.31	0.18	0.26	0.20	1.39	73	6.8	8.8	53.8	0.80
52	皮革粉	—	—	—	—	—	—	—	131	11.1	25.2	89.8	—
53	肉骨粉	9.96	2.38	0.60	1.30	0.70	1.00	0.40	500	—	10.0	90.0	0.25
54	甘薯叶粉	4.23	1.01	—	—	—	—	—	35	9.8	89.6	26.8	0.20
55	苜蓿草粉 (CP 19%)	4.06	0.97	0.09	2.08	0.38	0.30	0.30	372	9.1	30.7	17.1	0.46
56	苜蓿草粉 (CP 17%)	3.64	0.87	0.17	2.40	0.46	0.36	0.37	361	9.7	30.7	21.0	0.46
57	苜蓿草粉 (CP 14%～15%)	3.51	0.84	0.11	2.22	0.46	0.36	0.17	437	9.1	33.2	22.6	0.48

续附表 5

序号	饲料名称	代谢能		钠 %	钾 %	氯 %	镁 %	硫 %	铁 (毫克/千克)	铜 (毫克/千克)	锰 (毫克/千克)	锌 (毫克/千克)	硒 (毫克/千克)
		兆焦/千克	兆卡/千克										
58	啤酒糟	9.92	2.37	0.25	0.08	0.12	0.19	0.21	274	20.1	35.6	—	0.41
59	啤酒酵母	10.54	2.52	0.10	1.77	0.12	0.23	0.38	348	61.0	22.3	86.7	1.00
60	乳清粉	11.42	2.73	2.11	1.81	0.14	0.13	1.04	160	—	4.6	—	0.06
61	牛奶乳糖	11.25	2.69	—	2.40	—	0.15	—	—	—	—	—	—

养蚕栽桑 150 问(修订版) 6.00 元
蚕病防治基础知识及技术问答 9.00 元
蚕病防治技术 6.00 元
图说桑蚕病虫害防治 17.00 元
柞蚕放养及综合利用技术 7.50 元
鱼虾蟹饲料的配制及配方精选 8.50 元
龟鳖饲料合理配制与科学投喂 7.00 元
水产活饵料培育新技术 12.00 元
无公害水产品高效生产技术 8.50 元
淡水养鱼高产新技术(第二次修订版) 26.00 元
淡水养殖 500 问 23.00 元
淡水鱼繁殖工培训教材 9.00 元
淡水鱼苗种培育工培训教材 9.00 元
淡水鱼健康高效养殖 13.00 元
池塘鱼虾高产养殖技术 8.00 元
池塘养鱼新技术 16.00 元
池塘养鱼实用技术 9.00 元
池塘成鱼养殖工培训教材 9.00 元
盐碱地区养鱼技术 16.00 元
流水养鱼技术 5.00 元
稻田养鱼虾蟹蛙贝技术 8.50 元
水产动物用药技术问答 11.00 元
鱼病防治技术(第二次修订版) 13.00 元
鱼病常用药物合理使用 8.00 元
池塘养鱼与鱼病防治(修订版) 9.00 元
海水养殖鱼类疾病防治 15.00 元
海参海胆增养殖技术 10.00 元
海蜇增养殖技术 6.50 元
提高海参增养殖效益技术问答 12.00 元
大黄鱼养殖技术 8.50 元
牙鲆养殖技术 9.00 元
黄姑鱼养殖技术 10.00 元
鲽鳎鱼类养殖技术 9.50 元
海马养殖技术 6.00 元
鲶形目良种鱼养殖技术 7.00 元
黄鳝高效益养殖技术(修订版) 7.00 元
黄鳝实用养殖技术 7.50 元
农家养黄鳝 100 问(第二版) 7.00 元
泥鳅养殖技术(修订版) 5.00 元
长薄泥鳅实用养殖技术 6.00 元
农家高效养泥鳅(修订版) 9.00 元

以上图书由全国各地新华书店经销。凡向本社邮购图书或音像制品,可通过邮局汇款,在汇单“附言”栏填写所购书目,邮购图书均可享受 9 折优惠。购书 30 元(按打折后实款计算)以上的免收邮挂费,购书不足 30 元的按邮局资费标准收取 3 元挂号费,邮寄费由我社承担。邮购地址:北京市丰台区晓月中路 29 号,邮政编码:100072,联系人:金友,电话:(010)83210681、83210682、83219215、83219217(传真)。